爆炸物的探测与识别

主　编　王　辛
副主编　吴立辉　丁海斌　张　南

哈爾濱工業大學出版社

内 容 简 介

当今时代,爆炸物的威胁无处不在。它们可能出现在公共聚集地乃至私人住所,给人们的生命安全和财产安全带来威胁。探测和识别爆炸物是防止恐怖主义和意外爆炸事件的第一道防线,对预防处置紧急事件具有重要的理论和实践意义。本书旨在提供一套综合性的知识和技巧,以帮助专业工作者及相关人员能够更加有效地识别、研判和处置爆炸物威胁。本书内容涵盖了爆炸物探测与识别方法、探测与识别装备,以及重要目标检查。

本书可供安全检查人员、执法机构、军事单位、反恐专家,以及相关领域学者和学生参考使用。

图书在版编目(CIP)数据

爆炸物的探测与识别/王辛主编. —哈尔滨:哈尔滨工业大学出版社,2024.9. —ISBN 978-7-5767-1715-0

Ⅰ. TQ560.7

中国国家版本馆 CIP 数据核字第 2024QD8520 号

策划编辑 薛 力
责任编辑 薛 力 李 鹏
封面设计 王 萌
出版发行 哈尔滨工业大学出版社
社 址 哈尔滨市南岗区复华四道街 10 号 邮编 150006
传 真 0451-86414749
网 址 http://hitpress.hit.edu.cn
印 刷 哈尔滨久利印刷有限公司
开 本 880 mm×1230 mm 1/32 印张 3.625 字数 84 千字
版 次 2024 年 9 月第 1 版 2024 年 9 月第 1 次印刷
书 号 ISBN 978-7-5767-1715-0
定 价 39.00 元

编审人员

主　　审　于　江
主　　编　王　辛
副 主 编　吴立辉　丁海斌　张　南
参　　编　牛腾冉　曹　禹　张　驰
　　　　　李裕春　杨秋红　贺　男
　　　　　王　晓　王兴亮　丁科东
校　　对　王兴亮　贺　男

前　言

在当今时代,爆炸物的威胁无处不在。它们可能出现在公共聚集地乃至私人住所,给人们的生命安全和财产安全带来威胁。探测和识别爆炸物是防止恐怖主义和意外爆炸事件的第一道防线,其重要性不言而喻。本书旨在提供一套综合性的知识和技巧,以帮助专业人员及相关人员能够更加有效地识别和处理爆炸物威胁。

爆炸物的探测和识别是指在一定范围、场合和时机使用技术器材或各种检查识别方法来发现和辨识爆炸物的工作。探测与识别是爆炸物处置的前序工作,也是重要的预防措施,是反爆炸物袭击的重要环节。只有准确发现袭击人员携带或设置的爆炸物,才能有效防止和避免爆炸造成的破坏和人员伤亡。因此,对爆炸物进行严格检查与识别,能够将爆炸袭击威胁消除在起始阶段,对于反爆炸袭击具有重要意义。

本书涉及内容广泛,涵盖了探测与识别方法、探测与识别装备和重点目标检查。在编写过程中,我们力求做到信息全面、准确且有实操性,希望它能成为安全检查人员、执法机构、军事单位、反恐专家,以及相关领域学者和学生的实用指南。

在使用本书时,务必牢记安全至上的原则。同时,我们也鼓励读者不断更新知识,随着科技的发展,新的探测和识别技术将不断出现,相应的操作规程和策略也需要及时调整。

感谢您选择本书,我们希望它能够成为您防范和减轻爆炸物威胁的有效工具,为您的工作和研究提供支持。由于编者能力水平有限,书中难免存在不足之处,敬请读者批评指正!

编　者

2024 年 6 月

目　录

第1章　探测与识别方法

第1节　仪器探测法

仪器探测法是综合运用金属探测系统、X射线透视成像系统、炸药探测系统、电子听诊设备、中子检测器、检查镜、汽车炸弹探测系统、非线性节点探测器等器材对固定目标、临时重要人物住地等进行爆炸物品识别、探测的一种方法。仪器探测法是搜索、探测简易爆炸装置时不可缺少的一种检查与识别方法，也是简易爆炸装置检查与识别的主要方法。

近年来，随着科技的迅速发展，仪器探测法发挥的作用越来越大。由于暴恐活动不断增加，一些国家从20世纪60年代初就对炸药探测技术进行了大量的研究工作，取得了一定成效，研制出了品种繁多、机理各异的炸药探测系统，进一步发展提高了金属探测器、X射线检查仪等仪器设备的性能和质量。这些技术检查手段在防爆安全检查工作中，收到了很好的效果。但到目前为止，还没有一种能在现场准确可靠地探测所有炸药的方法，一般是靠各种方法的综合检测来提高探测的准确率。因此，仪器探测法通常都要根据不同的情况综合应用不同技术和不同型号的仪器。例如，对于固定目标，由于其所处的位置结构明确、性质公开、环境复杂，是爆炸袭击选择的主要对象。袭击者会根据不同的固定目标选择恰当的位置进行爆炸破坏,因而要对不同的固定目标使用X射线透视成像系统、手持金属探测器、炸药探测系统、检查镜等进行重点检查。袭击者对临时重要的目标的破坏更具有突然性,加之临时目标的防爆检查场所范围大、情况复杂,较固定目标更难实施,因而就要用地雷探测器、便携式探测器等仪器对临时目标进行更为严格的识别和探测。

仪器探测法常用于大面积场所检查,也可用于物体内部的检查。用探测仪器进行检查时,对伪装爆炸物品可在不打开行李或包裹的情况下进行有效地检查、识别,从而提高检查效率。

安检人员借助一定的安检专用设备,既能凭感官触觉,又能凭专用设备器材的提示,对检查目标(人、物、场所)进行有效安检搜索。根据器材的种类不同,检查的方法可分为:金属探测器法、炸药探测器法、X射线透视检查法、电子听音器法及其他方法。

一、金属探测器法

(一)低频电磁感应探测技术

1. 基本技术原理

低频电磁感应探测技术,是利用金属在电磁波作用下的电磁感应特性探测爆炸物的金属壳体或部件。对于浅地表设置的金属目标,低频电磁感应探测技术所涉及的主要参数有电导率、磁导率和介电常数,低频时($f<104$ Hz)介电常数不发生变化,可不考虑其影响,因此低频电磁感应探测技术以土壤和金属物体间电导率和磁导率的差异为基础。

低频电磁感应探测技术的基本原理是电磁感应定律，如图 1-1 所示。发射线圈以交变电流在周围空间建立一次场，当探测区域内有金属物体时，由于电磁感应作用产生涡流效应并形成二次场或异常场，利用接收线圈接收二次场或一次场与二次场的总和场，即可通过对二次场或总和场变化规律的分析，达到探测金属目标的目的。

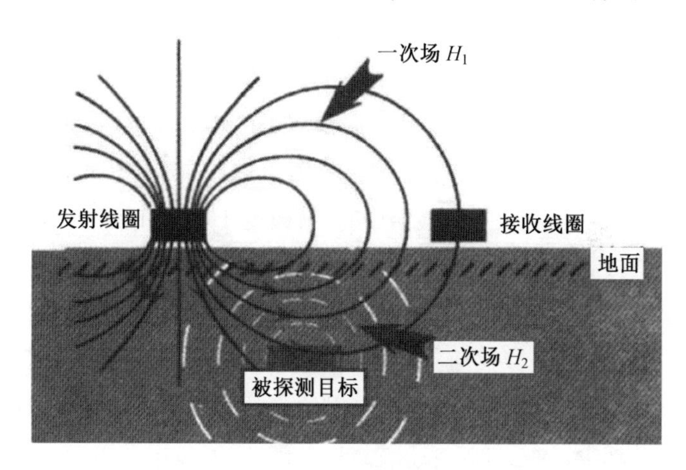

图 1-1　低频电磁感应探测原理图

基于低频电磁感应原理的金属探测器材技术成熟，广泛应用于防爆安检领域。其优点是轻便、灵敏、操作简单、机动性强，只要在一定的距离范围内有金属或含有金属制品存在，金属探测器都可报警。但是金属探测器通常只能区分金属与非金属，不能准确辨别物体的大小和形状，当金属探测器报警时，只能说明有金属存在，并不能表示已经发现了爆炸物，因此金属探测器只是一种爆炸物的辅助探测器材。常用的金属探测器包括手持式金属探测器、金属探测门（安全门）和金属探雷器等。

2. 典型装备器材

(1)安检金属探测器。

利用低频电磁感应原理的安检金属探测器主要包括手持式金属探测器、金属探测门等。

手持式金属探测器通常由手柄、机芯、探测环3部分组成。一般工作原理:探测环内的探测线圈与机芯内的其他元件组成一个振荡器,其振荡频率与机芯内的另一振荡器(可称作参考振荡器或比较振荡器)是同频率的,这时金属探测器没有报警输出,处于平衡状态。当金属物品进入探测线圈中时,就改变了探测线圈的电感量,从而改变了探测振荡器的参数而使其振荡频率发生变化。这样就与参考振荡器的振荡频率有了差异,该信号经过放大就会引起报警器(声音、灯光)报警,两个振荡器频率差异越大,就说明进入探测环内的金属越大或金属离探测环越近,其输出的差异信号的频率越高,听到的声音越尖,指示灯闪烁也就越快。因此,通过报警声调、灯光、振动等可判断金属的大小或探测金属物品的远近。

手持式金属探测器质量轻、体积小、灵敏度高、操作简便、应用广泛、种类多、形状各异,但性能相近,主要用于对人体、物品的检查,可以检测到隐藏在衣物内或包裹内的金属物品。

金属探测门,也称安全门,广泛应用于机场、车站、会场等需要安检的场所,其基本原理是基于电涡流效应等电磁感应原理的金属探测技术,对于探测人体藏有金属外壳的炸弹、手榴弹及其他含有金属制品的爆炸物,是十分有效的。但是,对于无金属部件或只含有微量金属的制品,难以奏效。因此,金属探测门也需与其他检查器材、检查手段配合使用。

(2)金属探雷器。

金属探雷器通常是指供单兵携带使用的探雷装备,又称单兵探雷器,是以地雷中金属壳体、金属撞针等金属零部件为探测对象,通常采用低频电磁感应探测技术,通过检测地雷中的金属涡流效应来发现目标,电磁感应金属探测原理如图 1-2 所示。

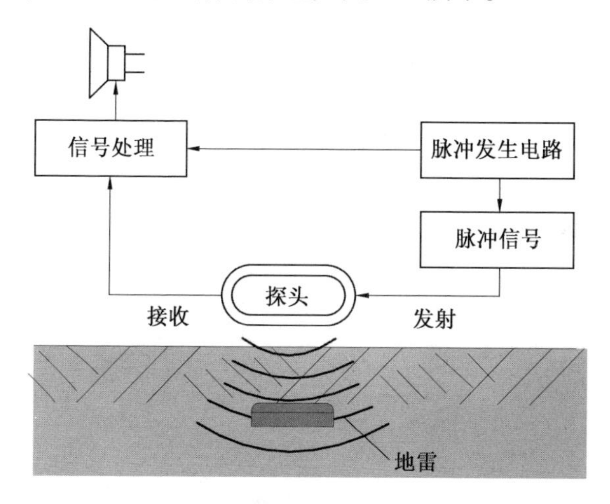

图 1-2　电磁感应金属探测原理

在实际应用中,低频电磁感应探雷方法有多种,包括平衡法、阻抗变换法和脉冲感应法等。金属探雷器一般由探头、探杆、主机(控制盒)、耳机和配套件组成,如图 1-3 所示。

目前,我国研制的单兵探雷器、双频金属探雷器,澳大利亚的 F3 系列,德国的 VALLON 系列,美国的 AN/PSS 系列探雷器都是低频电磁感应探雷器的代表器材。

我国研制的双频金属探雷器,其结构组成如图 1-4 所示,主要用于单兵探雷作业,也可以作为道路探雷车的配套设备,提高道路探雷车的探测能力。双频金属探雷器克服了传统的单频金属探雷器在

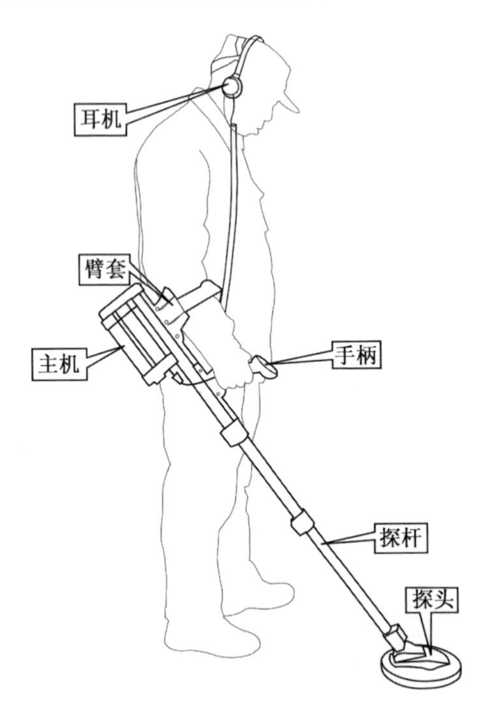

图 1-3　金属探雷器结构组成

海水、磁性土等导电、导磁探测环境中难以使用的缺点，具有较高的探测灵敏度和分辨率，可实现“静态”精确定位，并能在高热、严寒等不同气候条件，以及海水、淡水、红土、黏土、磁性土、海滩土等多种背景环境中进行探雷作业，满足了全地域作业的需要。双频金属探雷器所采用的智能化设计，使其操作更为简便。

双频金属探雷器主要性能指标如下所述。

①探测距离：对塑料防步兵地雷大于 12 cm（高灵敏度挡），对塑料防坦克地雷大于 13 cm（高灵敏度挡）。

②定位精度：小于 4 cm（定位点与地雷边缘的距离）。

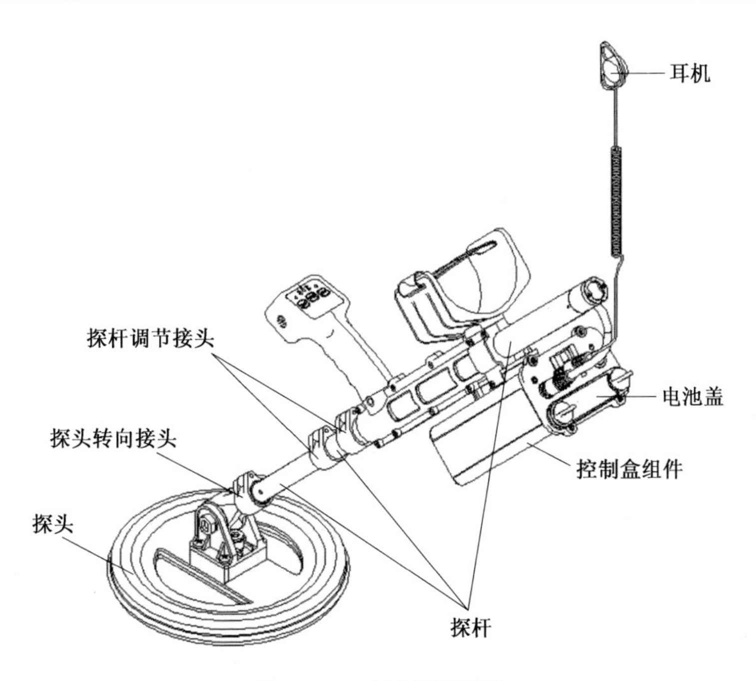

图 1–4　双频金属探雷器

③平均探测率:不小于 97%。

④连续工作时间:持续供电时间不少于 24 h(锂电池)。

⑤具有自动欠压报警功能。

⑥环境温度范围:–40 ~ +55 ℃(不含电池)。

⑦防水性能:能在 1 m 的浅水中正常工作。

⑧探头直径:0 ~ 250 mm。

⑨探杆可调长度范围:750 ~ 1 450 mm。

⑩单机工作质量:不大于 2.9 kg(配锂电池),不大于 3.2 kg(配 LR20 电池)。

(二)高频复合探测技术

高频探测技术是利用电磁近场原理检测目标与其背景的介电常数突变点,电磁波频率一般在数百兆赫至一千兆赫左右,其实质是一种异物探测技术。高频探测通常采用平衡发射与接收天线的方法实现对目标与背景(土壤)交界处介电常数突变的检测,可以探测金属、非金属或其他地下埋入目标。高频探测技术的典型产品是探雷器,其工作原理:工作时探雷器向土壤发射交变电磁场,如果土壤中无异物,则在小范围内是一种均匀的电介质,接收天线接收到的感应电动势是相等的,一旦土壤中出现地雷等异物时,由于地雷等异物与土壤的介质常数不同,接收天线就会接收到一个变化的感应电动势,探雷器会输出一个电压信号,该信号表明,土壤中存在地雷或其他异物。

高频探雷器一般由高频信号源及收发天线、异物检波器、可变放大器、报警电路、耳机等组成,其原理框图如图 1-5 所示。高频非金属目标探测在地表较为平整的区域,探测效果较好,如果地表受到严重破坏,或地面高低起伏,则探测效果不太理想。

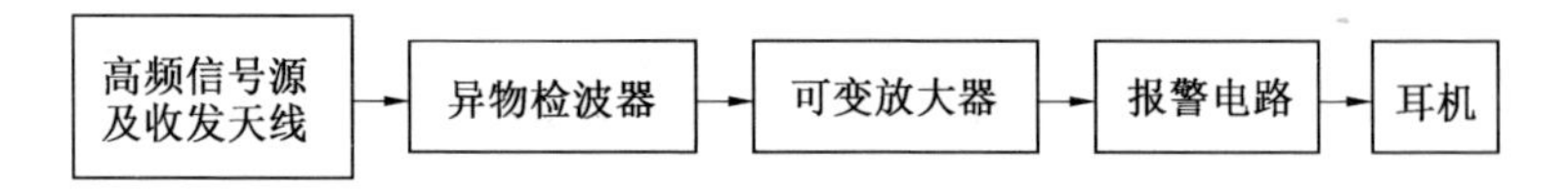

图 1-5　高频探雷器组成原理框图

复合探测技术是将高频探测技术与低频电磁感应探测技术有效地综合在一起,克服单一原理探雷器的原理性干扰,实现降低虚警、提高探测性能的目的,在探雷器材中已得到广泛的应用。因地雷含有金属零部件而具有金属特征,又因与土壤存在着介电常数差异而具有异物特征(又称非金属特征),因此地雷同时具有金属特征和非金属特征,能够同时被金属和非金属地雷探测器探测到。将金属地雷探测技术与非金属地雷探测技术复合于一体,克服因单一特征信号干扰而产生的原理性虚警,从而达到降低地雷探测虚警率的目的。高频复合探测技术代表器材有美国 AN/PRS-8 型高频探雷器、我国 130 型复合探雷器、俄罗斯 ИП-505 型复合探雷器等。

二、炸药探测器法

爆炸物通常由外壳、炸药和起爆组件构成,其中炸药是爆炸物的最直接特征。炸药探测器法有很多种,主要分为痕(微)量和宏量(块体)炸药探测技术 2 类。痕量炸药探测是指被检测炸药的数量较少,属于痕迹量,是微量级的,包括微量(很难用肉眼看到)炸药蒸气或者粒子进行采集和化学分析。痕量检测的主要方式有 2 种:炸药的蒸气检测和炸药的微粒检测。宏量炸药探测是指探测可见数量的炸药,通常包括 X 射线成像技术、γ 射线成像技术、中子元素分析检测技术和其他电磁波探测技术。X 射线、γ 射线都是高能电磁波,当它们遇到物质时,会发生透射、吸收、散射或反向散射,可以确定物质的密度、原子序数等特征量。炸药探测技术的分类如图 1-6 所示。目前,炸药探测实用化的设备大多是基于痕量炸药取样式的检测方式,已有多种痕量炸药探测器可供选择。但对于远距离非取样式炸药探测,还没有特别有效的方法和实用产品。

(一)痕量炸药探测器

痕量炸药探测器一般需要取样或近距离进行检测,按原理主要有离子迁移谱炸药探测器、荧光聚合物炸药探测器、拉曼光谱炸药探测器等。

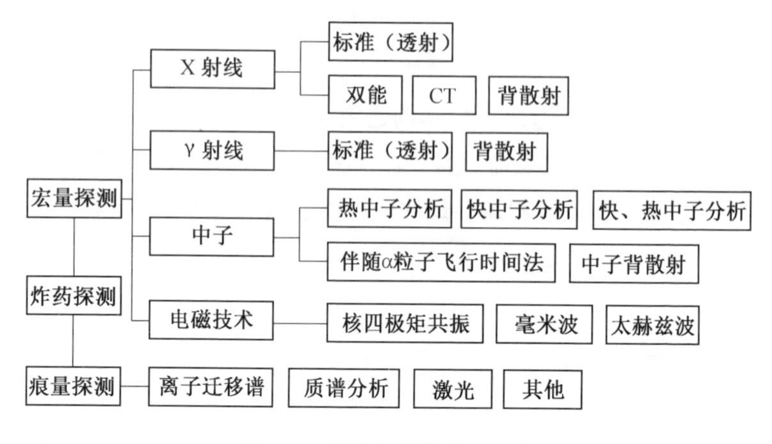

图 1-6　炸药探测技术的分类

1. 离子迁移谱炸药探测器

(1)基本原理。

很多化学物质(如炸药、毒品等违禁物品)会散发出蒸气或颗粒,这些蒸气或颗粒会被与之接触的材料表面吸附或黏附,而这些痕量物质可通过真空吸附或表面擦拭的方式收集起来,送入离子迁移光谱仪中,通过加热的方法将这些化学物质从其颗粒上解吸下来,汽化后的物质被离子化。然后让离子在一弱电场中产生漂移,并测量出离子通过电场所用的时间,根据离子所用的漂移时间可以计算出离子的迁移率(迁移率是指在单位电场强度作用下离子的漂移速度)。由于在一定的条件下,各种物质离子的迁移率互不相同,漂移速度取决于离子的结构和大小,在有效控制电场强度的情况下,每种离子都有一个特定的速度。因此,炸药物质变成离子,就可以根据离子漂移时间的测量来间接达到对样品的分离和检测。

一个基本的离子迁移谱(IMS)系统,主要由迁移管和外围的控制电路组成。迁移管是离子形成和漂移的场所,是 IMS 中最重要的组成部分,其基本结构原理示意图如图 1-7 所示,包括迁移气体入口、离化源、反应区、迁移区、离子门栅和电荷收集极(法拉第盘)等部分。外围的控制电路提供了 IMS 工作的环境和条件,对工作过程进行控制,以及进行信号探测和数据处理。

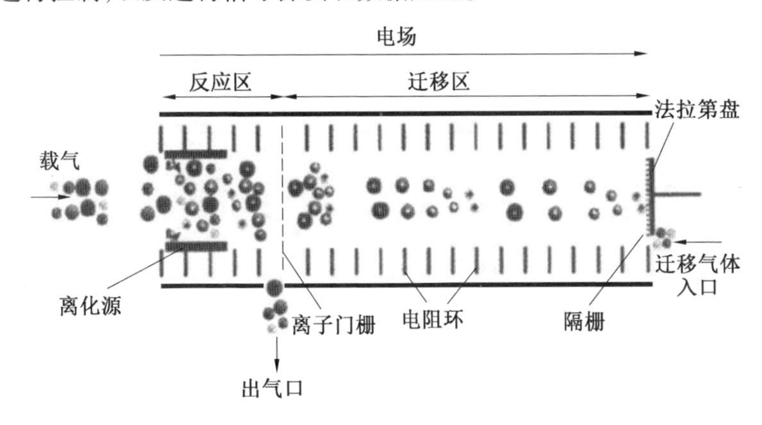

图 1-7　迁移管的基本结构原理示意图

采集样品进样后,解吸器把采集到的试样加热,使其变成蒸气,这些目标物微粒便可从吸附的物体上解吸出来,随着进样气流进入 IMS 工作区域,从而被 IMS 的离化源电离,形成具有特定迁移率的离子或离子群。当电离区后的控制门栅打开,带有爆炸物的负电荷离子或正电荷离子进入漂移区,这些离子在漂移区所加均匀电场的作用下聚集起来,并向收集极发生迁移(通常迁移时间在 10 ~ 20 ms)。由于形成的各种离子大小和结构均不相同,它们的迁移速度(离子迁移率)也各不相同,仪器便可根据离子迁移率甄辨原物质的属性,整个分析过程只需 2 ~ 8 s。在单次分析中进行一次或者多次的 IMS

工作区电场极性反转，在正极性下进行正电荷爆炸物离子的检测，在负极性下进行负电荷爆炸物离子的检测，实现单次分析同时进行爆炸物的检测。

离子的迁移时间是离子电荷、质量和体积的函数，一般为毫秒数量级。以时间记录在金属靶放电产生的电流，所得电流-时间图谱即为 IMS 谱，图谱上不同的峰代表不同的离子。不同质量的 3 种离子（X、Y 和 Z）以不同的离子迁移率到达收集极，其显示的迁移谱如图 1-8 所示。

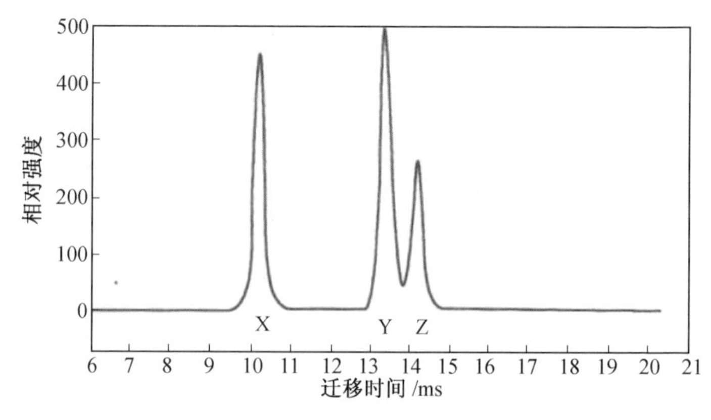

图 1-8　迁移谱示意图

特定物质的离子迁移时间是精确测试得到的，已输入仪器的数据库中。测试时，系统会时刻监测图谱的动态变化，只要发现出现的离子峰位置与数据库中预设的某种物质的特征峰位一致并达到预设强度，仪器就立即发出报警提示，并显示所检测到的可疑物质的名称。

离子迁移谱是作为化学实验室分析技术而发展起来的分子检测技术，日臻完善，目前国内外已有成熟产品应用于多个领域，包括军事领域的化学战剂监测，安全部门的炸药探测，海关和机场安检部门对毒品、麻醉剂等违禁物品的监测，以及环境监测部门对有毒有害气体的监测。IMS 的探测极限一般在 10^{-10} g 左右，探测的时间在10 s 之内。

（2）性能特点。

以基于离子迁移谱技术的国产 SIM-MAXE2008-Ⅱ型炸药探测器为例，主要由主机、采样工具等组成，其主机外观如图 1-9 所示，可以快速、准确地判断痕量炸药的存在和种类。

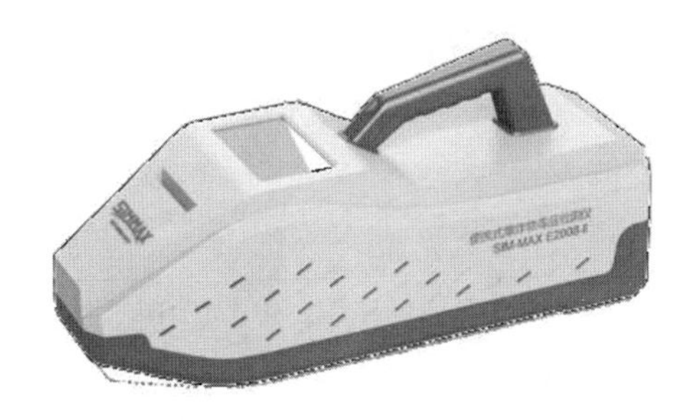

图 1-9　主机外观示意图

（3）SIM-MAXE2008-Ⅱ型炸雷探测器主要技术性能。

①灵敏度：纳克级。

②采样方式：擦拭取样和气体取样。

③可探测样品种类：梯恩梯（TNT）、黑索金、太安、硝化甘油、硝酸铵、黑火药、二硝基甲苯、特屈儿、奥克托今、苦味酸、吉纳、C4、塞姆汀、TATP（三环过氧化丙酮）、HMTD（六亚甲基三过氧化二胺）、EGDN（乙二醇二硝酸酯）、硝酸脲等，并能根据需要添加新样本。

④报警方式：声光和可视报警，显示炸药与毒品种类，也可选择隐蔽报警。

⑤误报率：不大于 1%。

⑥分析时间:不大于 8 s。

⑦预热时间:冷启动不大于 20 min,热启动不大于 2 min。

⑧供电方式:交流电源、内置电池、DC12V 汽车点烟器。

⑨质量:3.7 kg。

2. 荧光聚合物炸药探测器

(1)基本原理。

荧光聚合物炸药探测器,采用荧光聚合物传感技术,基于某些炸药分子对一些特殊荧光聚合物的荧光淬灭效应,此类炸药分子吸附到聚合物表面,导致聚合物发射的荧光瞬间变暗,通过检测聚合物的荧光强度变化,探测识别炸药。

聚合物传感材料对于荧光聚合物传感技术发展具有重要作用,分子链荧光聚合物目前被认为是灵敏度最高的,为制备新型高灵敏度化学和生物传感器带来了希望。分子链荧光聚合物一般为导电高聚物,或者是有机半导体,其体内形成导带和价带,当聚合物被激发光照射时,价带的电子就会受激跃迁到导带,并在分子链内运动,一段时间后就会退激跃迁回价带,发出荧光。当有梯恩梯分子作用到聚合物时,就会在其导带和价带之间形成一个能量陷阱,该陷阱会捕获导带上的电子,使得电子不能直接从导带跃迁回价带,从而使聚合物发出的荧光变弱,即发生淬灭。分子链上任何一个重复单元与目标物受体分子结合都会导致整个聚合物分子所有发光单元的荧光淬灭,即具有"一点接触、多点响应"的特点,使得其荧光淬灭信号对目标分子的存在十分敏感,表现出极高的淬灭灵敏度。这就像一个房间中有很多的灯泡,所有灯泡都串联在一起,当一个灯泡的灯丝被打断,那么所有的灯泡都会熄灭,房间内的亮度变化很大。

荧光聚合物炸药探测器一般由 6 个模块构成，即传感模块、荧光检测模块、计算分析模块、自动采样模块、电池供电模块和外壳支架结构模块。其中，传感模块由石英基片上制备的聚合物薄膜或聚合物纳米膜/TiO_2 纳米球、ZnO 纳米线构成是探测器的核心，聚合物传感材料的选择决定了探测器能够探测的物质。荧光检测模块由激发光源、激发单色系统、发射单色系统和光电倍增管等光学器件组成，是聚合物荧光强度变化的检测平台。计算分析模块承担信号采集、处理和自动控制任务。自动采样模块采集样品并送入传感模块。荧光聚合物炸药探测器主要结构示意图如图 1-10 所示。

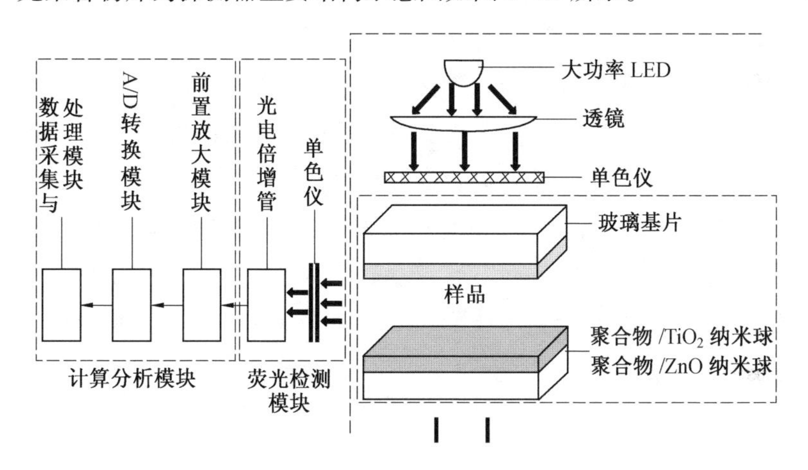

图 1-10　荧光聚合物炸药探测器主要结构示意图

激光二极管（LED）发射的光经过透镜、单色仪形成单色的平行光束，照射到聚合物传感材料上，激发聚合物发射荧光。由于石英基片上聚合物薄膜的光波导效应，聚合物发射的荧光由断面出射，经单色仪滤波照射到检测荧光强度的光电倍增管，由光电倍增管检测特定波段的荧光强度值。采样泵将空气吸入，流经聚合物薄膜表面的空气中如果含有目标分析物分子,这些分子会淬灭聚合物发射的荧光,光电倍增管检测到的荧光强度值发生改变,形成检测信号,经前置放大、A/D 转换等信号处理形成报警信号。当荧光强度改变值超过某一阈值时,系统报警,表明探测到目标物质。

(2)性能特点。

目前,荧光聚合物探测技术主要用于对梯恩梯等芳硝基化合物类炸药进行检测,这类炸药一般都具有较强的受电子能力。一旦有受体分子(如梯恩梯分子)与受激发的荧光聚合物分子结合,在结合点会形成一个能量陷阱,聚合物的荧光则被受体分子淬灭。根据荧光强度的变化,可以推断是否存在目标分析物。

1996 年,美国麻省理工学院发明了分子链荧光聚合物探测技术,并与 Nomadics 公司合作开发用于痕量炸药探测的 Fido 系列产品。FidoX、FidoXT 的检测灵敏度用质量表示达到 10 ~ 15 g,现已列装。将 FidoXT 的探测头与排爆机器人组合形成搜爆机器人,可进行远距离搜爆;与闸机装置组合,接触过炸药的人手上会沾染炸药微粒,从而沾染卡片,当卡片被置入闸机时,探测到卡片上沾染的炸药成分,发出报警。

我国已研制成功荧光聚合物痕量炸药探测器。以 HAWKEYEIII 炸药探测器为例,如图 1-11 所示,其主要技术性能如下:

①质量:1.1 kg。

②无放射源,不需要炸药图谱数据库,技术更新快捷。

③双电池续航大于 10 h。

④采样方式:擦拭或抽气。

⑤冷启动时间小于 3 min,检测时间小于 10 s,自清洗时间小于 10 s。

⑥检测灵敏度小于 0.1 ng。

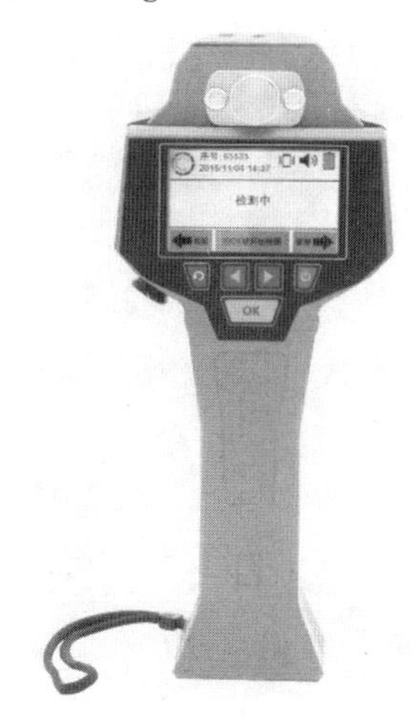

图 1-11　HAWKEYEⅢ炸药探测器

3. 拉曼光谱炸药探测器

(1)基本原理。

用一定频率的激发光照射物质分子,散射光中大部分是频率与入射光相同的弹性散射,有微量的散射光由于受到分子振动的影响,频率发生了变化,这种与入射光频率不同的散射光被称为拉曼散射,拉曼散射原理如图 1-12 所示。拉曼散射是一种分子对入射光子的非弹性散射效应,散射光频率的变化很大程度上反映了物质的结构信息。对拉曼散射光进行光谱分析,可以获得物质分子构成信息,因此拉曼光谱也被称为“分子指纹”。

(2)性能特点。

目前,国内外已有便携式激光拉曼光谱探测器产品,可用于炸药非取样式检测,其主要特点如下。

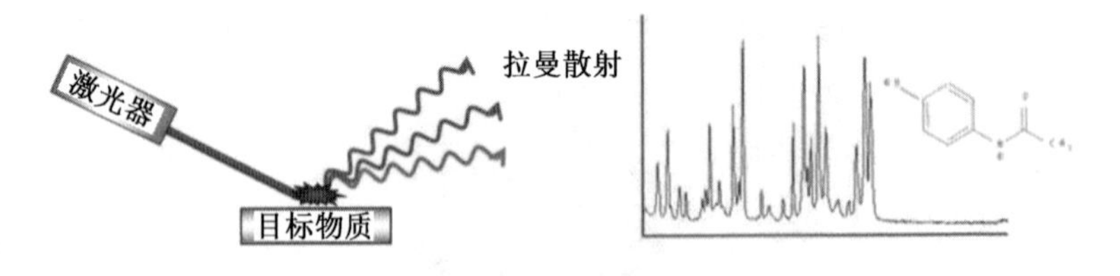

图 1-12　拉曼散射原理

①特征性强。绝大多数化学物质都有特定的指纹拉曼谱作为化学组成和晶体结构的唯一表征。拉曼光谱探测器检测物质种类多，检测准确度高。

②采用表面增强拉曼散射技术，所需检测样品少，检测灵敏度高，可获得千倍以上的信号增强，可以测得 10^{-6}级别，甚至 10^{-1}级别。

③可隔着透明容器直接检测，在非接触、不破坏的情况下直接获取检测信息，检测速度快，尤其适用于无损、高效探测危险化学品（如炸药）并进行现场分析。

（二）宏量炸药探测器

宏量炸药即装药或爆炸物，目前主要采用 X 射线成像技术、中子技术、核四极矩共振技术等。X 射线成像探测技术非常成熟，检测爆炸物主要是根据炸药或爆炸装置的结构，与其他物质的密度、原子序数等特征进行分析判别，但识别准确率低。20 世纪 80 年代，国外就开始利用中子检测隐藏爆炸物方面的研究，并取得较大进展。

1. 炸药中子探测技术

中子是电中性的粒子，通过物质时的行为主要取决于中子与原子核的相互作用。如果是慢（热）中子，停留在原子核内的时间较长，更容易发生核反应，因而反应截面较大。常用的核探测器只对带电粒子和γ光子敏感,所以中子探测分2步:第一步利用中子与核的某种作用来产生带电粒子或γ光子;第二步探测分析这些带电粒子或γ光子。炸药中子探测技术主要是利用加速器中子源产生的中子对检测区域物质进行照射,通过探测分析中子与物质元素作用所辐射的粒子或γ光子,进而对炸药元素进行识别。炸药中子探测方法主要有热中子法(TNA)、快中子法(FNA)、脉冲快中子法(PFNA)、脉冲快中子与热中子结合法(PFTNA)、快中子散射法(FNSA)、伴随α粒子法/中子飞行时间法(API/TOF)等。

(1)基本原理。

①热中子法。热中子法,即待测元素与热中子发生(n,γ)反应,通过测量产生的特征γ射线强度来进行元素含量分析。炸药中^{14}N元素相对含量一般高于日常物品,因此可将^{14}N元素作为炸药探测的“指标元素”。空气中的^{14}N元素相对含量也很高,但空气密度与炸药相差太大,相同质量的^{14}N元素对测量的影响可以忽略不计。此外,(n,γ)反应截面与中子能量成反比,即能量越小,俘获概率越大。对于一定体积的炸药,其内部中子场分布并不均匀,在一定距离内,越靠近中心位置,热中子数量越多,^{14}N元素发生俘获反应的概率就越大。^{14}N元素发生(n,γ)反应产生的特征γ射线能量高达10.8 MeV,在以轻元素为主的物品中穿透力极强,因此在对具有一定体积的物品进行探测分析时,选用^{14}N的10.8 MeV γ射线作为探测对象具有显著优势。

利用加速器中子源产生快中子,通过快中子与含氢材料的多次弹性散射慢化后得到热中子,热中子打到N上发生热中子俘获,通过测量^{14}N的10.8 MeV俘获γ谱线来检测分析炸药元素含量,热中子探测爆炸物原理如图1-13所示。这个10.8 MeV的γ射线就表征了被检物中^{14}N的存在。在一定强度的热中子照射下，γ 射线的强度与物品中氮的含量成正比。为了提高探测效率，同时使用多个探测器，通过探测这种 γ 射线的强度就可以确定物品中的含氮量，以判定炸药成分。

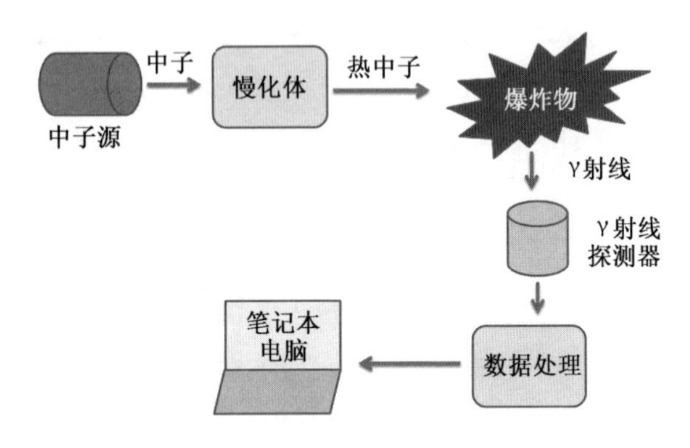

图 1-13　热中子探测爆炸物原理

②快中子法。快中子法与热中子法技术相似，不同的是快中子法使用由氘氚反应产生的 14 MeV 快中子与被测物的 N、C 和 O 3 种元素发生非弹性散射：

$$n+{}^{14}N \longrightarrow {}^{14}N+n'5.11\ \text{MeV}\ \gamma$$

$$n+{}^{12}C \longrightarrow {}^{12}N+n'4.43\ \text{MeV}\ \gamma$$

$$n+{}^{16}O \longrightarrow {}^{16}N+n'6.13\ \text{MeV}\ \gamma$$

通过测量这 3 种元素的特征 γ 射线，从而确定物品中 C、N 和 O 3 种元素的含量。这 3 个反应的 γ 射线能量很高，易于探测。因此通过测量快中子引起的非弹性散射 γ 射线，就可以确定物品中的 C、N 和 O 3 种元素的含量，比热中子法有更强的识别爆炸物的能力。

③脉冲快中子法。衣服、塑料、炸药等都含有 C、N、O 和 H 等元素成分，虽然炸药中 C/O 和 C/N 的比例与一般物品有显著差别，但

仅看某物质含氮量（或含氧量）的多少不能判定其是否为爆炸物。脉冲快速中子法是快中子法的发展，它采用准直脉冲中子源对被检物进行扫描，通过探测器阵列对快中子引起的 C、N 和 O 3 种元素的特征 γ 射线脉冲信号与快中子脉冲发射时间的关系，结合快中子飞行时间就可以确定中子的飞行距离，从而确定 C、N 和 O 在检测区中的空间坐标，给出 3 种元素含量比的空间分布图。这种方法具有较高的空间分辨本领和较强的识别能力。

④脉冲快速/热中子法。该技术同时结合脉冲快速中子法和热中子法 2 种技术的优点。热中子法除了能测定物品中氮的含量外，还可以测量物品中氢的含量，其反应式为

$$n + {}^{1}H \longrightarrow {}^{2}H + 2.33\ \text{MeV}\ \gamma$$

利用脉冲宽度为微秒量级、脉冲间隔约为 100 μs 的氘氚脉冲中子管产生的脉冲快中子与连续热中子同时照射行李箱，在快中子脉冲宽度内测量快中子引起的 C、N 和 O 非弹性散射 γ 射线，可确定物品中的 C、N 和 O 含量。在两脉冲间隔内测量热中子引起的 N 和 H 俘获 γ 射线，就可以确定物品中的 N 和 H 含量，由物品中 C、N、O 和 H 4 种元素的含量比就可以识别爆炸物。

⑤快中子散射法。快单能中子照射样品时，被照射样品核素的信息就包含在散射的中子场中，通过在不同的散射角诊断不同能量的弹性和非弹性散射中子，就可以确定核素的位置和数量。

⑥伴随 α 粒子法/中子飞行时间法。氘氚反应产生的 14 MeV 中子与其伴随 α 粒子的飞行方向相反。因此，只要用 α 位置灵敏探测器测定 α 粒子的飞行方向就可以确定中子的飞行方向。只要测定 α 粒子和中子引起的 γ 射线随时间的变化，由中子飞行速度就可以确定中子的飞行距离。由中子的飞行方向和距离就可以确定被测

区域元素的空间分布。因此,利用伴随粒子法可给出C、N和O 3种元素含量的空间分布图的特点,从而有效地识别任意形状的爆炸物,伴随α粒子法/中子飞行时间法具有相当高的空间分辨本领和较强的识别爆炸物的能力。

(2)技术特点。

①热中子法探测爆炸物的特点:N元素的热中子俘获特征γ射线能量较高,干扰较少,便于测量;热中子能量低,屏蔽防护相对简单;体积小,有利于人员的现场操作;检测时间短。

②快中子法探测爆炸物的特点:利用C、N、O的比值来确定是否为爆炸物,可以确定爆炸物的种类;但是在周围物质干扰较强时,中子能量和中子产额都较高,辐射防护比较复杂,适合远距离控制,或有专门的屏蔽室,不适用于人员现场操作。

③伴随α粒子法的特点:中子能量高(14 MeV),利用C、N、O的比值来确定是否为爆炸物,可以利用α粒子位置探测器降低本地干扰、确定爆炸物的位置,适合于未知位置的隐藏爆炸物探测。辐射防护复杂,适用于远程控制。

目前而言,还没有一种中子探测技术是完美的,许多新的探测技术仍处在发展阶段,漏报率与误报率或多或少存在,并且对于核检测技术而言,高灵敏度对应的高能量源与相应的屏蔽措施造成的设备体积过大是一对需要解决的矛盾。现在的探测设备都在向着小型化、高灵敏度、多方位、可移动方向发展。事实上,隐藏爆炸物的探测技术中没有一种是万能的,不同场合、不同目标需要不同的技术,或者联合几种技术,以达到较好的探测效果。

中子探测隐蔽爆炸物具有非侵入和非破坏性,穿透性强、速度快、准确度高,越来越受到人们的关注。中子探测爆炸物装置的研制是一项复杂度较高的系统工程,有赖于中子源、核辐射探测器、谱图的特征射线提取与定量,经验积累和判明真伪能力的提升。目前,国际上只有少数几个国家研制成功了基于中子技术的爆炸物探测装置,如美国的国际科学应用公司(SAIC)、美国安科公司(Ancore Corp)、Hi Energy Technologies 公司;法国的 SODERN 核研究与制造有限公司;德国的布鲁克·道尔顿公司(Bruker Daltonics);俄罗斯的联合核研究所。我国也有中国工程物理研究院、清华大学和中国原子能科学研究院等进行了这方面的研究,研制出了利用热中子法、快中子法、和伴随 α 粒子法探测爆炸物的样机。

2. 炸药电磁探测技术

(1)核四极矩共振(NQR)技术。

核四极矩共振技术类似于核磁共振,但更优,如检测时不需要磁场,同一种原子核在不同的化学环境中具有不同的核四极共振频率等。由于原子核周围的电场是由其周围的带电粒子所决定的,故不仅不同原子核的电四极矩共振频率不同,而且同一种原子核处在不同的分子中时,分子内部结构的不同也会使电四极矩共振频率不同。因此检测到电四极矩共振信号,不但可以判定是哪种原子核,而且可以判定是哪种分子,核四极矩共振技术的这一特性使其应用到炸药探测中成为可能。

大多数有机炸药是由 C、H、N、O 等元素组成的,其中的 N 含量较大(10% ~40%),如梯恩梯含氮量为18.5%,黑索金含氮量为38.0%。氮原子的电荷分布不对称,具有核电四极矩。用低强度、低频调谐无线电脉冲照射被检物体,使被检物中原子量为 14 的氮原子核发生核磁共振,受激后的氮核被分裂和破坏,当每个原子核返回常态时会辐射出特定频率的无线电波。根据这种无线电波可以检测到被检物含氮量的比例及其特征,并确定是否在炸药的范围之内。

核四极矩共振技术可以检测大部分的固体炸药,如TNT、黑索金和太安,探测灵敏度、识别能力强,虚警率低;不受壳体、植被、自然地形的影响;无损探测,无电子辐射,作业系统安全。核四极矩共振技术主要缺点:易受无线电频率干扰,特别是20 kHz以内商业调幅电台及电磁噪声源的干扰;探测系统体积和功耗较大。

(2)太赫兹探测技术。

太赫兹波通常是指频率为0.1 ~ 10 THz($1\ \mathrm{THz} = 10^{12}\ \mathrm{Hz}$)、波长为3 ~ 30 μm的电磁波,属于远红外和亚毫米波范畴。太赫兹辐射与其他波段的电磁波相比有如下独特的性质。

①瞬态性。太赫兹脉冲的典型脉宽在皮秒量级(10^{-12} s),使得太赫兹成像技术不但可以对各种材料(包括液体、半导体、超导体、生物样品等)进行时间分辨的研究,而且利用取样测量技术能够有效地抑制背景辐射噪声的干扰。

②宽带性。太赫兹波频谱较宽,单个脉冲的频带可以覆盖从吉赫兹至几十太赫兹的范围,便于在较大的范围分析物质的光谱性质。

③相干性。太赫兹探测的相干性源于其产生机制。太赫兹探测技术的相干测量技术能够直接测量电场振幅和相位,可以提取样品的折射率、吸收系数,有利于成像分析。

④低能性。太赫兹光子的能量只有毫电子伏,不会因为电离而破坏被探测的物质,因而其可用于人体影像检查和武器装备的无损检测。

许多炸药在太赫兹波段具有不同的特征吸收峰,具有“指纹”特性,且太赫兹波具有生物分子的强吸收和谐振特性,时域频谱信噪比高，适于成像，有望实现几十米以上人体炸弹目标的探测。太赫兹波可通过调谐有选择地穿透部分物质，如衣物、信封、纸盒等，利用反射信号成像，从而实现远距离、开放环境、非接触对过往行人的安检。太赫兹成像探测系统包括太赫兹波发射源、太赫兹波探测器、光学延迟器、光谱成像分析等部分，目前该探测技术尚不成熟，如小体积太赫兹光源功率小、探测器灵敏度低等问题。

三、X 射线透视检查法

X 射线探测技术比较成熟，应用领域非常广泛。在安全检查领域，针对地面上的可疑目标，普遍采用 X 射线探测器对其进行安检。通过 X 图像识别目标的内部结构、组成部件、物质特性等爆炸物构成的形状特征，以发现隐藏在物品中的爆炸物等危险物品。X 射线探测器按使用方式可分为通道式、便携式；按 X 射线发射接收原理可分为透射式和背散射式。

（一）X 射线探测成像原理

电离辐射是一切能引起物质电离的辐射总称，其种类很多，高速带电粒子有 α 粒子、β 粒子、质子，不带电粒子有中子、X 射线、γ 射线。电离辐射的特点是波长短、频率高、能量高，能使物质发生电离现象的辐射，即波长小于 100 nm 的电磁辐射。X 射线和 γ 射线的性质大致相同，是不带电波长短的电磁波，不受电场和磁场影响，也称为光子，两者的穿透能力极强，要特别注意辐射防护。

1. X 射线穿透作用

X 射线是由原子中的电子在能量相差悬殊的 2 个能级之间的跃

迁而产生的粒子流,1895 年被德国物理学家伦琴发现。X 射线真空管中的阴极产生电子,电子经加速后撞击阳极金属靶,电子突然减速,其损失的动能(10%)以光子形式放出,形成 X 射线。100 kV/120 kV X 射线发射源示意图如图 1-14 所示。X 射线照射在物体上时,可能出现 3 种情况:X 射线透过物体、X 射线被物体吸收、X 射线遇到物体发生散射,部分 X 射线经由原子间隙而透过,表现出很强的穿透力。X 射线的穿透力与物质密度有关,利用差别吸收这种性质可以把密度不同的物质区分开来。

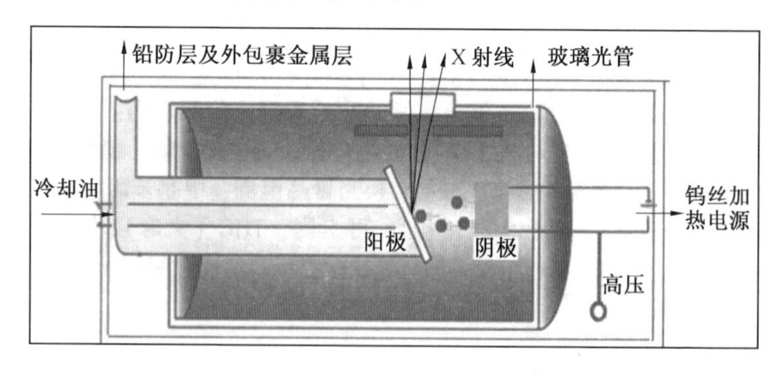

图 1-14 100 kV/120 kV X 射线发射源示意图

2. 辐射伤害和防护

X 射线照射到生物机体时,可使生物细胞受到抑制、破坏甚至坏死,表现为脱发、皮肤烧伤、视力障碍,甚至发生白血病等。X 射线辐射不会残留在体内,但是造成的损伤会累加,长期接触 X 射线会引起中性粒细胞百分率降低和染色体畸变。

吸收剂量是指单位质量的受照物质吸收电离辐射的平均能量,1 Gy=1 J/kg。直接测量吸收剂量比较困难,但可以通过仪器测量照射量来计算被辐射物体的吸收剂量。不同种类的射线在不同照射条件下,即使吸收剂量相同,对生物体产生的辐射损伤程度也可能是不同的,为了统一衡量不同类型的电离辐射在不同照射条件下对生物体引起的辐射危害,引入当量剂量这一物理概念,表示被照射生物体所受到的辐射。当量剂量是用辐射权重因子修正后的吸收剂量,1 Sv=吸收剂量×权重系数,对于 X 射线、γ 射线,通常把权重系数设为 1。

当量剂量:1 Sv=1 000 mSv=1 000 000 μSv。目前,国际上公认的个人安全剂量限值为 200 μSv/年。1 次骨密度检查的辐射剂量为 1 μSv,1 次胸透拍片为 100 μSv,1 次全身计算机断层扫描(CT)为 1 000 μSv,1 次腰脊 X 光摄影为 1 500 μSv。相关从业人员的个人安全剂量限值为500 μSv/年,放射科医生都会佩戴个人剂量仪,每 3 个月要送去检测机构一次,每年都必须做职业病检查。

射线防护的基本要素是时间、距离和屏蔽。时间防护:在辐射场内的人员所受照射的累积剂量与时间成正比,尽量减少人体与射线的接触时间。距离防护:在辐射源强度一定的情况下,辐射场中某点的照射量、吸收剂量均与该点和辐射源的距离的平方成反比,应尽量增加人体与射线源的距离。屏蔽防护:一定厚度的屏蔽物质能减弱射线的强度,常用的屏蔽材料是铅板、混凝土墙、钡水泥(添加硫酸钡的水泥)墙。

3. X 射线成像技术

X 射线穿越物体时,由于产生光电子及光子散射等物理过程,相当部分的入射光子被物质吸收,测得吸收衰减后的 X 射线强度和其他物理量,可得到该物质层面各部位的吸收系数、物质密度等信息。

经计算机快速处理，可使这些信息还原为反映这一层面内部情况的图形，并将所测得的数据与预存的爆炸物有关数据进行比较，确定行李包裹中是否存在爆炸物。此外，根据各位置测得的数据，由计算机处理后自动地为不同形状和密度的有机材料或金属材料加上不同的"伪彩色"，并对某些有特定密度、尺寸和形状的物品给予提示，发出警报。

X 射线成像最初是荧光成像方式，X 射线源发射一个 X 射线脉冲，其持续时间仅为0.01 s，某些物质被 X 射线照射后，发出荧光，能使某些物质起化学作用，可使胶片感光。目前，常用的 X 射线成像技术主要包括以下几项。

(1)单一能量 X 射线成像技术。

使用单一能量(单能)的 X 射线，X 射线在穿过物质时被吸收，强度衰减。衰减强度与每种物质的衰减系数，以及该物质的密度、厚度有关，所以最终成像反映的是被测物体对 X 射线的吸收程度，它对探测炸药等高密度物质尤其有效。

(2)双能 X 射线成像技术。

同一原子序数的物质，对低能和高能 X 射线的吸收程度不同，采用高、低 2 种能量的 X 射线对被检物进行扫描时，高原子序数物质在 2 种能量水平下的成像都呈现暗色，而低原子序数物质则在低能 X 射线照射下的成像呈现较暗的颜色。炸药的主要组成元素为碳(C)、氢(H)、氮(N)、氧(O)、氟(F)、氯(Cl)、磷(P)、硫(S)等，其原子序数分别为 6、1、7、8、9、17、15、16，即组成炸药的主要元素有机物的原子序数较小，而常见金属元素无机物的原子序数较大。通过低能和高能 2 种不同能量的 X 射线的吸收系数(实际对应图像的灰度)的比较与运算，就可以从 2 种不同物质组成的、不同厚度产生的或相互重叠的图像中将不同种类的物体区分出来。

(3)计算机断层技术。

该技术是由医学上的 CT 成像技术发展而来的,X 射线穿过物体后被探测,得到在某个方向上的图像,然后不断地旋转 X 射线源和探测器重新得到一系列的二维图像,经计算机进行数字图像处理后合成三维图像。由于 CT 采用的是交叉片段成像,因此可以有效地识别隐藏的物体,但系统更复杂、处理速度较慢。X 射线安检 CT 设备研发的难点与医疗 CT 存在较大的差异:一是被检物品种类复杂,密度不同,形状各异,对图像重建方法要求更高;二是安检需要以成像为主,同时还需要关注图像质量及违禁品的识别;三是安检具有实时快速性要求;四是系统必须具有智能分析及报警功能,以降低人工判图的工作量,提高安检效率。欧盟托运行李法令中明确要求欧盟所有成员国机场托运行李检查仪全面进入 CT 时代。

(4)X 射线背散射成像技术。

X 射线遇到不同物质会发生不同的散射,遇到低原子序数物质时散射相对较强。利用 X 射线飞点发生器产生的 X 射线束,沿出射扇面绕射线源中心连续旋转扫描被检物,完成飞点扫描探测,与射线源同侧的背散射探测器,接收散射光子并由光电管转变为电信号放大输出,计算处理后成像显示。背散射成像的优点:物质的原子序数越小,密度越大,与探测器的距离越小,背散射的信号越强。绝大多数炸药是有机物质,具有较小的原子序数和较高的密度。背散射图像能凸显低原子序数的有机物,特别是液体炸药、塑性炸药等。射线源与背散 X 射线飞点扫描照射剂量小、辐射量小,可用于人体表面探测,密度大的物质(塑料、炸药、金属)反射的 X 射线所产生的影像要比人的皮肤产生的影像更深,从而判断出危险品。另外,背散探测器在被测物的同一侧,便于实施探测。背散射成像的缺点是射线穿透能力差,图像分辨率低,不能自动对被测物进行有效原子序数分类。

(二)通道式 X 射线探测器

1. 工作原理

通道式 X 射线探测器在机场、车站等固定安检场所应用较为普遍。利用小剂量 X 射线照射备检物品,通过计算机分析透过的射线,根据透过射线的变化获得物品的体积密度、有效原子序数等信息,再生成相应的图像。双能 X 射线成像技术能有效检测出被检物的有效原子序数信息,并对被检物自动进行分类。原子序数低于 10 为有机物(橙色),10 ~ 18 之间为混合物(绿色),大于 18 为无机物(蓝色)。

输送带将物品送入 X 射线检查通道,阻挡检测传感器,检测信号被送往系统控制部分,产生 X 射线触发信号,X 射线源发射 X 射线束。一束经过准直器的扇形 X 射线束穿过输送带上的物品,X 射线被物品吸收,透射的 X 射线轰击探测器接收屏,把 X 射线转变为信号。这些很弱的信号被放大,并送到处理机箱进一步处理,最终在显示屏上显示出计算机模拟的颜色图像,如图 1-15 所示。

2. 识别违禁品

违禁品就是通常所说的“三品”,易燃易爆品、腐蚀性物品、管制刀具和枪械。不同物品会呈现不同的颜色、形状。一般金属显示蓝色,有机物显示橙色,化工类物品大部分显示绿色。

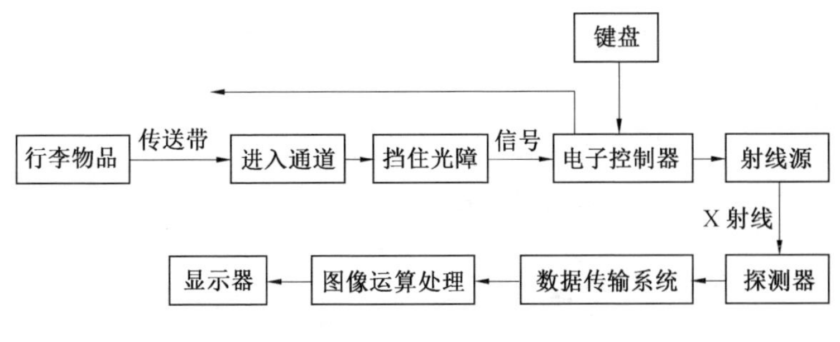

图 1-15　通道式 X 射线探测器工作原理图

3. 辐射危害

国家标准《微剂量 X 射线安全检查设备 第 5 部分：背散射物品安全检查设备》（GB 15208.5—2018）规定，X 射线探测器的单次检查剂量不应大于 5 μGy，同时在距离设备外表面 5 cm 的任意处（包括设备入口、出口处）X 射线剂量应小于 5 μGy/h，此标准与美国食品药物管理局的标准相同。通道式 X 射线探测器的辐射剂量要远小于医用 X 射线诊断，因为物品 X 射线安检的图像并不需要达到医疗诊断级别的分辨率，且已经做了充分屏蔽。

一般在机场、车站、港口等安检通道使用通道式 X 射线探测器检查成批的包裹行李，而便携式 X 射线探测器便于分队机动执行任务，常用于现场可疑物品的探测识别。X 射线对密度不同的物质，贯穿的强度不同，在荧光屏上呈现明暗度不同的影像。普通 X 射线形成的图像是黑白的，同样厚度的物质，密度大的影像较暗，密度小的影像则较明亮。根据各种影像的形状、明暗度和它们相互之间的关系位置，可以查明爆炸物的种类、构造和在物品内的部位。图1-16～1-22 所示分别为利用携式 X 射线探测器拍摄的部分物品图像。

对 X 射线图像识别判图的方法有以下几种。

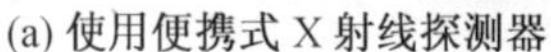

(a) 使用便携式 X 射线探测器　　(b) X 射线图片

图 1-16　钢管物品的 X 射线图像

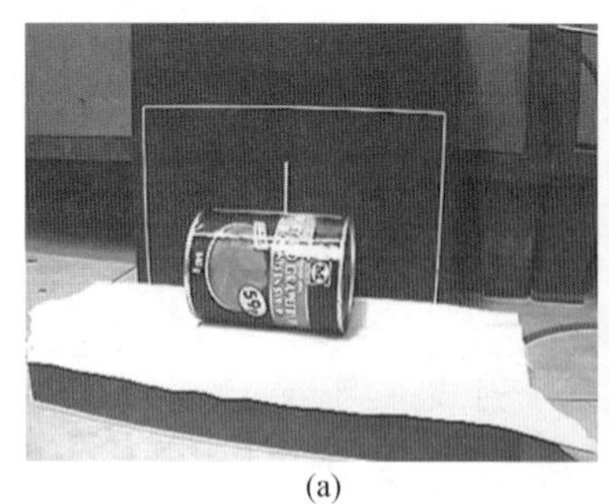

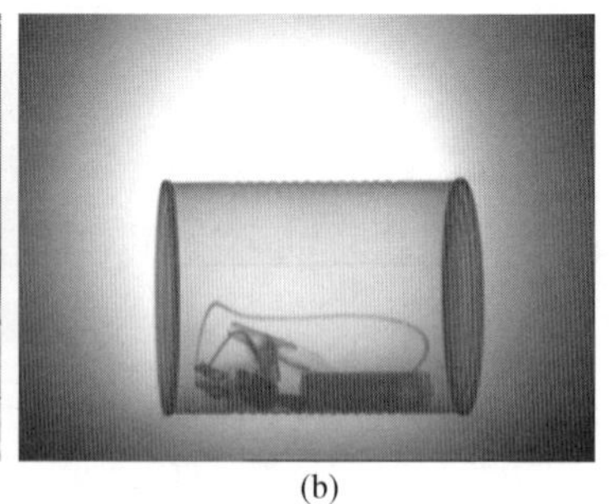

(a)　　(b)

图 1-17　易拉罐的 X 射线图像

(1)颜色判图法。

为便于识别,利用图像分析软件给其加上伪彩色,不同类型的物品其颜色不同,如图 1-23 所示。依据“色彩表示成分”,判定图像中每一区域的材料构成。

①浅黄色:单件衣服、薄塑料、少数纸张等。

②橘黄色:香皂、炸药、毒品、木器、皮革制品等。炸药由于种类、密度和数量的不同,可呈现由浅到深的橘黄色,一些炸药有特定的形状,如梯恩梯药块、硝铵类炸药药卷,很容易识别。

图 1-18　手枪的 X 射线图像

图 1-19　炮弹引信的 X 射线图像

图 1-20　手雷的 X 射线图像

图 1-21　电雷管的 X 射线图像

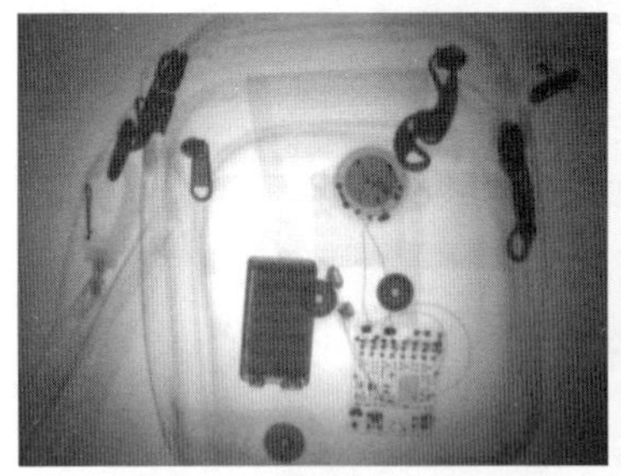

(a) 电池、电路板等 X 射线图片

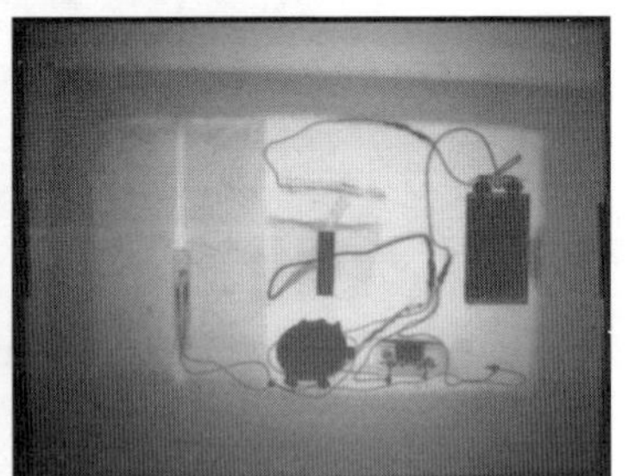

(b) 遥控装置的 X 射线图片

图 1-22　简易装置的 X 射线图像

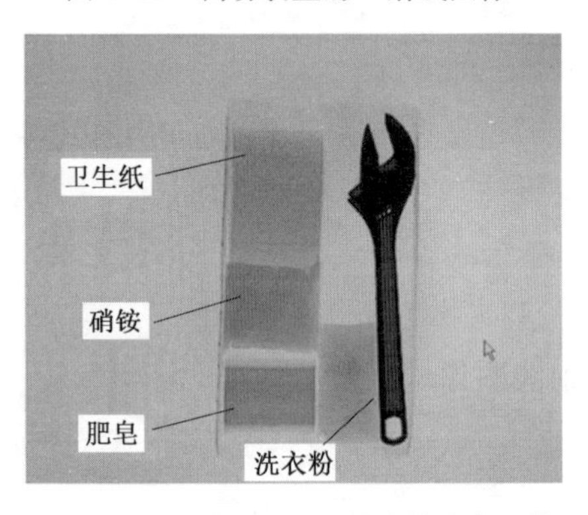

图 1-23　不同物品的 X 射线伪彩色图像

③深橘黄色：数量多的书籍、纸张、人民币、高浓度液体、大袋米面等。

④蓝色：子弹、枪、刀具等金属呈深蓝色和红色，如通过枪的形状以及其深蓝色和红色的特征进行识别。

⑤绿色：绿色是混合物呈现的颜色，如不锈钢制品、电缆线等玩具手枪、塑料手枪呈现绿色，易与真枪分辨。雷管虽有铜壳、铝壳、纸壳之分，但其形状极易辨识，电雷管的脚线呈绿色。

⑥红色：穿不透的物体呈现红色，多为重金属和厚的物体。

(2)层次判图法。

X 射线在穿透路径上透过多个物体的“重叠”部分，获取的图像是多个物品叠加在一起的效果，如图 1-24(a)所示，需逐层次剥离判别。

(3)结构判图法。

根据某些违禁品内部必然存在的数个组成部分判断，如电击器的电池—变压电路—前端电极结构，如图 1-24(b)所示。

(4)密度判图法。

根据图像上某一部位的灰度，推算该部位物品的大致密度范围和材料构成，如图 1-24(c)所示。

(5)特征判图法。

根据各种违禁物品独有的结构特征，如雷管中段的引火头、空腔和末端凹穴，手枪弹夹推弹簧、部件连接等，如图 1-24(d)所示。

物品的 X 射线图像所呈现的轮廓形状受其摆放角度的影响而不同，呈现为物体的投影形状。对一种可疑物品可从几种不同角度进行透视检查，以便得到准确的结论。

目前，先进的 X 射线探测器能够反映被检物化学成分的信息，

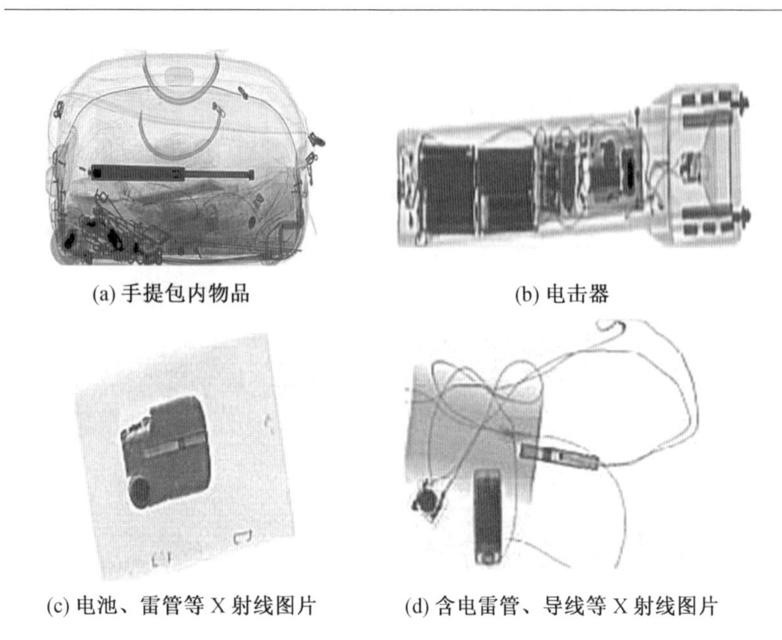

(a) 手提包内物品　(b) 电击器

(c) 电池、雷管等 X 射线图片　(d) 含电雷管、导线等 X 射线图片

图 1-24　不同物品的 X 射线图像

并根据被检物的原子序数区分出有机物和无机物,并赋予不同的颜色在彩色监视器将其显示出来,并对可能含有炸药成分的爆炸物品给予报警提示。

四、电子听音器法

利用电子听音器侦听人耳难以听到的定时器发出具有一定节奏(固定频率)的声音,进而判明是否为定时爆炸装置的方法称为声音探测法。定时爆炸装置所用的定时器有机械、电子定时器 2 种,机械定时器可发出机械走动的低频声信号;电子定时器内部都有振荡电路,一般多为石英振荡器,振荡器实质是正反馈电路,电容电感确定了它的振荡频率,电路工作时产生交变电流,发出高频电磁波信号。

一般的电子听音器类似于话筒接收器或天线接收台，接收这些固定频率的低频声信号或高频电磁波信号，通过滤波电路检波成音频信号，再通过低频放大器推动耳机，把人耳听不到的频率转换成可听到的频率，从而发现藏匿的定时装置。目前，定时装置探测器有 2 种类型：一是接触式（利用固体传感振动波）；二是非接触式（通过空气传递声波）。非接触式探测器，对于电子定时器的探测距离较近，一般为厘米级。如果电子定时器的屏蔽措施做得好，即防电磁泄漏性能好，比如目前的手机或将手机再放入屏蔽袋中，就很难用电子听音器探测到。

第 2 节　动（生）物识别法

动（生）物识别法是一种利用特殊的生物或动物对简易爆炸装置进行检查的方法，是国际上常用的行之有效的方法之一。实践证明，有些生物或动物对炸药有特殊的反应，其嗅觉不仅远远高于人类，甚至比使用的探测器还强。据此可专门驯养“嗅炸药”的动（生）物，为反暴恐服务。

某些动物、植物和微生物可用于对地雷、未爆弹及民用爆炸物的探测，在 2003 年爆发的伊拉克战争中，美英联军使用探雷犬、探雷海豚等，在地下、浅滩搜寻爆炸物，以及精确探测地雷等方面发挥了重要作用。研究用于炸药探测的生物（动物）有犬类、蜂类、鼠类、菌类和植物类，其性能对比见表 1–1。

表 1-1　各种探测生物性能对比

名称	目前状况	使用方法	探测过程及性能	培养周期
探测犬	阿富汗目前仍然依赖探测犬进行地雷探测。其在特定地区和场景下的作用不可替代	探测犬根据训犬员指示，在嗅到炸药气味时做出特定反应。之后由训犬员进一步确认位置并标记	探测犬以吠叫、抓地或停止等动作提出警示。该方法地形适应性好，但探测犬准确率随作业时间下降较大，探测用于低风险场合	1 年以上，且探测能力需要定期进行评估、调整和优化
探测蜂	美、英、法等国进行蜜蜂、黄蜂等蜂类爆炸物探测研究。美军计划将蜜蜂投入反暴恐战场使用	自己飞出蜂巢探测后返回，人工后台计算机分析	飞行方式，探测距离为 1 ~ 2 km，不存在触发地雷危险	训练周期短（仅 2 d），具有探测传播能力，能将探测到的炸药信息传播给同类
探测鼠	美国在坦桑尼亚进行了老鼠探雷试验，南非人道主义扫雷组织在安哥拉试用	身上带有电子传感器，需人员使用皮带牵引	身体轻，不易触发地雷。受到炸药气味刺激后，脑电波变化，微电脑记录并传输信号，定位爆炸物	繁殖力强，母鼠可自动遗传探测能力。需要适应工作环境的过程

续表1-1

名称	目前状况	使用方法	探测过程及性能	培养周期
探测植物	美国、加拿大、丹麦从事植物炸药探测技术研究	在实验室内通过人工改变植物的基因组后，通过飞机撒布播种	爆炸物释放二氧化碳，植物根部接触吸收，使得花的颜色从白色、绿色变成红色，从而标示位置	种子成本低，生长迅速，从播种到具有标示能力为3~5个星期，适用于人道主义扫雷行动
探测细菌	处于实验室研究阶段，目前已经培养出了多种能够探测炸药的细菌，但未在野外试用过	实验室内用培养皿培养，未来可通过飞机撒布细菌探测	细菌对爆炸物散发出的氮，梯恩梯、二硝基甲苯、硝酸盐、一氧化二氮及其他含有爆炸性成分的化学物质具有刺激反应作用，细菌产生发光元素，标示爆炸物	需要一定的生长周期，不适用于战场探雷，但可通过机载平台散布进行远距离大面积雷场探测

一、犬类搜索

目前，实用的生物探测方法主要是搜爆犬。搜爆犬搜索，是专业训导员指挥犬对特定场所、运输工具、物品等进行搜查，以发现可能存在的爆炸物。

犬的嗅觉极其灵敏，不仅对气味的感受性强，而且辨认气味也十分精确。犬能感受200万种不同的气味。犬的听觉也极其灵敏，能准确分辨出同一个声音中的不同音调。犬的视觉不完善，是色盲加远视，但对光的明暗度反应灵敏，善于夜间观察事物。犬的视野也十分广阔，善于捕捉远处的活动目标，可以发现825 m处的运动目标，但对固定目标只限于50 m以内。犬的味觉极差，品尝食物的味道、鉴别食物的好坏，主要是靠嗅觉和味觉双重作用。犬对触觉最敏感的部位是身体的末端，耳、嘴边、尾、趾、脚掌等处，也是痛点集中的地方。犬的痛觉较迟钝，且个体差异很大，犬的鼻端是最怕打击的部位。犬的品种不同，运动能力差别较大。犬灵活、好动、有快速奋力奔跑的习惯，而且有耐力。犬有天生的游泳本领，且能抵抗寒冷和潮湿。犬的性格特征：强健的体质、勇敢的性格；依恋性强，对主人忠贞不移；具有强烈的责任心；智力发达；喜欢运动、集群，群体位次明显；环境适应能力强，喜欢清洁；有很好的归家本领。

用于军警部门的搜爆犬主要有德国牧羊犬、比利时马里努阿犬、中国昆明犬、英国拉布拉多犬、英国史宾格犬等，因其良好的特性和特殊的嗅觉，经过专业训练能对各种炸药气味做出快速的条件反射，可以适应各种环境进行搜爆作业。

搜爆犬可嗅出隐藏在包裹中的炸药，能够查出硝化甘油、梯恩梯、C-4塑料炸药、硝铵炸药和无烟火药等，其准确性胜于一般的炸药探测器。同时，犬的机动性好，既能爬高，又能深入人和仪器都难以进入或不宜进入的目标内检查。

爆炸物探测方法很多，但大多是根据目标特征间接探测的，现场直接探测识别的方法目前通常是采用炸药探测器探测、搜爆犬嗅探和人工检查的方法进行搜查。单一的搜查方法,难以达到 100% 的成功率。加拿大警方曾在 DC-8 飞机内放置了炸药,用 3 种手段去寻找,其试验结果见表 1-2。

表 1-2　3 种检查方法的试验结果

检查方法	放置物/件	发现物数/件	发现率/%	平均每件搜查时间/min
人工检查	97	70	72	29
警犬嗅探	41	28	68	17
炸药探测器	23	11	47	—

试验结果表明,单靠一种方法去搜查是不够的,应使用多种方法进行综合性搜查,即使采用综合性方法检查,也难以做到 100% 的发现率。经验证明,最好的爆炸物探测方法是进行综合性搜查,以人工搜查为主,用警犬嗅探、炸药探测器为辅的方法,效果最佳,如图 1-25所示。

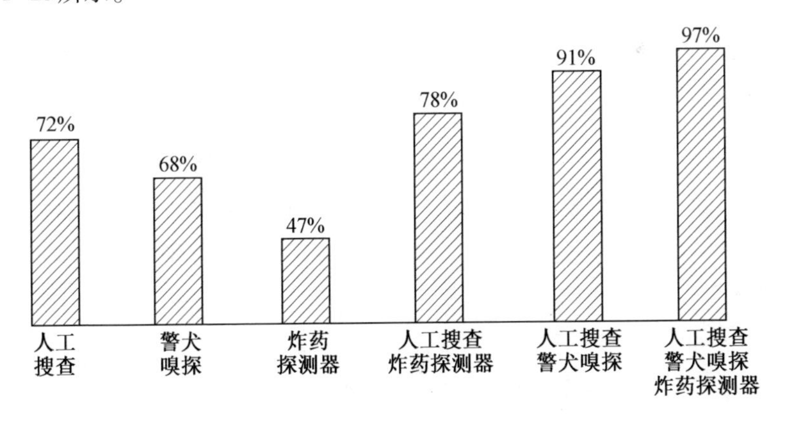

图 1-25　各种检查方法的发现率比较

搜爆犬嗅探也是针对爆炸物炸药特征的探测方法，与炸药探测器相似。搜爆犬与炸药探测器使用性能对比见表1-3。

表1-3　搜爆犬与炸药探测器使用性能对比

项目	搜爆犬	炸药探测器
基本原理	生物探测	低剂量X射线成像、离子迁移谱、拉曼光谱、中子探测等
使用方法	训导员引导，自主搜索	人工操作
探测炸药种类	根据训练情况，一般识别13种左右的常用炸药	X射线成像不能辨识的炸药种类； 离子迁移谱炸药探测器，国内外均有便携式的商用设备，是一种痕量炸药探测方式，可探测的炸药种类根据仪器数据库情况确定，一般有10～30种；拉曼光谱是一种非接触式的针对透明容器内的液体炸药进行探测的仪器；中子探测是一种专业设备，可穿透外壳探测内部炸药，探测炸药种类有10余种
可靠性	在正常情况下准确性较高，受外部物品干扰较小	在仪器特定的作用环境下，炸药探测准确率高，使用条件限制时判断准确率不高，存在较多缺陷
工作效率	可大面积快速搜爆，工作效率高	针对疑似爆炸物二次检测，工作效率低

续表1–3

项目	搜爆犬	炸药探测器
有效期	5 ~8 年工作期	使用期视保养情况,一般有效期为 10 年,但需要定期保养维护
成本	犬购买成本约为 10 000 元;16 周训练成本约为 12 000 元;饲养、医疗成本约为 800 元/月	便携式 X 光机:约为 25 万元; 便携式离子迁移谱炸药探测器:约为 20 万元; 中子探测无商用; 拉曼光谱炸药探测器:约为 80 万元(进口)

二、鼠类搜索

沙土鼠对梯恩梯炸药蒸气的灵敏度远远高于电子捕获探测器,经驯化后可用于探测炸药。同时,沙土鼠分布较广泛,便于喂养,具有成本低、使用方便的优点。

三、猪类搜索

野猪的嗅觉灵敏度比犬的嗅觉灵敏度高得多,而且比犬有更顽强的毅力。国外有用驯化的野猪来探测毒品和炸药的范例,但由于其自身的习性特点,不宜在公共场所使用。

四、其他生物检查方法

有些生物属于发光的微生物，如菌类、酶类，在有炸药蒸气的环境中，发光的强度随着蒸气浓度的高低伴有增强或减弱的变化。观察这些微生物发光强度的变化，可以判断有无炸药存在。另外，有些微生物在有炸药蒸气存在的情况下会大量非正常死亡，如梯恩梯酶，根据细菌非正常死亡的情况可以判定环境中为何种炸药。还有一些生物，如地中海果蝇和某些菌酶有“吃炸药”的嗜好，一旦它们嗅出炸药就蜂拥而至，在炸药附近形成密集的生物群，或发光或散发气味以引起人们的注意，人们往往据此可以发现隐藏在大堆货物（如集装箱）中的炸药。美国还研究出利用蜜蜂来进行炸药探测，因为蜜蜂对花粉非常敏感，在几千米以外就能找到花粉的来源，科研人员就利用蜜蜂的这一特点，经过训练和培养，利用其对粉尘和气味的敏感来寻找炸药。

由于一种动（生）物往往不能同时识别多种炸药气味，该方法具有一定的局限性。动（生）物探测法在炸药探测器尚不完善的情况下，不失为一种有效的检查方法。另外，美国圣路易斯华盛顿大学的科学家们已经通过生物技术和电子工程技术等手段，尝试将动物嗅觉进行电子转化，用于探测炸药等危险物质。他们选择了蝗虫作为实验对象，通过植入电极捕捉其神经元活动。实验发现蝗虫能够在500 ms 内对 TNT、黑索金、硝酸铵等炸药进行分辨识别，并产生相应的信号。但在实际应用中，关于如何确保电极长时间稳定工作且不影响蝗虫嗅觉功能、如何进一步提高探测准确性和灵敏度、如何和现有的炸药探测系统集成等问题还需要继续研究。

第 3 节　感官识别法

在没有爆炸物检查设备的情况下,可以使用感官识别法。感官识别法主要是通过眼、手、鼻、耳等感觉器官或借助简单的工具,对可疑物品和可疑部位内的爆炸物进行检查,主要有外观识别法、燃烧识别法和气味识别法 3 种。

一、外观识别法

外观识别法是用眼、耳、手的功能进行检查,通过分析判断来确定有无隐藏的爆炸物。因为炸药的形态、颜色和气味等方面都有一定的特征,识别时可先将可疑物品与同类物品做比较,再从形态、颜色、气味等方面与各种炸药的特征比较,通过分析对比法,得出初步结论。具体方法如下。

(一)观察

观察是指由表及里、由近而远、由上到下无一遗漏地对可疑人员、物品和场所等进行观察。对人的观察,看观察对象的举止神态、衣着打扮;对物品的观察,看物品的形态、大小、结构与标准的物品是否相同,包装和颜色是否正常;观察会议室的沙发垫有无新拆过的痕迹;观察电器设施上有无多余电线连接;观察屋里的床铺有无凹凸不平。如果需要拆卸检查时,要注意发现有无可疑征候或改装痕迹,有无反拆卸装置等,然后再拆开检查(如有条件可使用窥镜检查)。对重要场所的观察,要检查场所和各部位是否有撬、挖、裂、补的痕迹和浮土异常的堆积物等。

(二)听声

听声是指通过对可疑物品的轻轻敲打、摇动发出的响声来判断有无爆炸物。藏有爆炸物的物品,在敲打和摇动时,通常发出异常声响。在寂静的环境中用耳倾听,听被检物或被检场所内是否有可疑的异常声响,如钟表走动声音和定时器走动声音等,判断是否有延时爆炸装置。对可疑人员,听其回答问题的声调是否自然,前后是否矛盾等。

(三)触摸

触摸是指通过手感判断可疑重点部位是否暗藏爆炸物,必要时可借助棍棒来间接感觉。例如,判断受检人员提(背)的软皮包、衣物及皮箱、鞋底是否有夹层,这些夹层里一般藏有各种点火具、引信、炸药等;大型观礼台、参观点、体育场座椅安检时,检查人员可借助棍子触摸座椅底部,感觉是否有异物等。当手不能触及物体内部时,可借助工具做穿刺,凭间接感觉来辅助检查。

(四)称量

称量即通过对可疑物和原物品质量的比较判断有无爆炸物。装有爆炸物的物品其质量一般比同类物品都有一定的差别。这种方法经常用来检查定量包装的物品。有标准包装的物品,在其外包装上通常都有各自质量的文字标识(如鱼罐头、铁盒巧克力)。在掌握了标准物品质量的情况下,称量被检物品的质量是否有偏差。一旦在安检中用手掂量或称量物品质量与标识明显不符,可作为可疑物挑选出来重点检查。

二、燃烧识别法

由于炸药、火药的组分不同,大多数炸药、火药在燃烧时具有不同的特征。燃烧识别法就是利用炸药可以直接点燃的特点,在确定可疑物品后,根据其燃烧的程度、状况(火焰、颜色、炽热程度、残渣等情况),识别是否有炸药或是哪一种炸药。燃烧试验时,炸药、火药的数量不能过多,以免发生危险,一般应控制在1 g左右。其步骤是:首先从可疑物品中取少许样品,然后将样品用纸包起来,点燃后立即撤离3~5 m观察。如发生爆炸则是感度灵敏的起爆药。几种常用炸药、火药的燃烧特征如下。

(一)梯恩梯

梯恩梯外观为淡黄色、易点燃。点燃时开始如同松香,先熔化然后缓慢燃烧。火焰微带红色,冒大量黑烟并伴有短线头状的黑色烟丝,在火焰上方徐徐飘浮。燃烧终止后,留有黑色油状残渣。

(二)黑索金

黑索金外观为白色,经过钝化处理的为橘黄色。易点燃,燃烧时火焰为炽烈的白色,而且跳动,并伴有"嘶嘶"声,无烟。燃烧终止后，留有少量淡黄色残痕。

（三）C 型炸药

C 型炸药有白色或褐色 2 种，具有可塑性。易点燃，燃烧时的火焰内白外黄，无烟。燃烧终止后，留有少量微黄色残痕。

（四）B 型（黑梯）炸药

B 型炸药外观为黄白色，燃烧时其特征随着黑索金和梯恩梯配比而变化，但基本特征是：冒黑烟、火焰强烈，燃烧后留有黑色油状残渣。

（五）硝化甘油胶质炸药

硝化甘油胶质炸药呈深褐色胶体状，易点燃、燃烧时发黄蓝光，并伴有“嘶嘶”声，燃烧后留有油状残渣。

（六）氯酸盐类炸药

氯酸盐类炸药外观颜色随着组合物的颜色而变化，易点燃，燃烧时发紫光，冒白烟，燃烧后几乎无残渣。

（七）硝酸铵类炸药

硝酸铵类炸药不易点燃，开始用明火点燃时，只熔化不燃烧，数量稍多时可以缓慢燃烧，但离开火源就熄灭。

（八）无烟发射药

无烟发射药颜色以淡黄、褐、黑三种为主，形状有条、管、柱、棒、片、粒等多种，而管、柱、棒状的中心多带有孔，有单孔、7孔、14孔等多种类型。易点燃，燃烧时发黄光，并伴有“嘶嘶”声，燃烧后几乎不留残渣。

(九)黑火药

黑火药极易点燃，但水分达到15%时，则难以点燃。试验时切勿直接点火，可将火药放在纸上，先将纸边点燃，然后靠燃烧的纸把火药引燃。黑火药的燃速很快，并伴有“轰”的一声，立即燃尽，冒白烟，燃烧后几乎不留残渣。

各种炸药的燃烧情况见表1–4。

表1–4 各种炸药的燃烧现象

名称	燃烧状况
雷汞	少量燃烧不爆炸
硝铵炸药	少量燃烧平稳不爆炸
黑索金	少量燃烧猛烈，产生明亮的白色火焰，无残渣
太安	少量燃烧猛烈，火焰明亮而无黑烟
特屈尔	少量燃烧剧烈，黑烟很少
硝化棉	易燃烧，火焰呈橙黄色，几乎全部变成气体，无残渣
梯恩梯	少量燃烧平稳，生成大量黑烟
硝化甘油	少量燃烧猛烈，产生绿色的火焰，并有轻微的响声

注：炸药燃烧只能单独进行，不能混合燃烧。

三、气味识别法

气味识别法是利用鼻子嗅闻被检物品散发的气味来判断是否与该物品正常的气味相符的一种方法。有些炸药特别是非法制造的炸药有特殊气味,如自制硝铵炸药有强烈的氨水味,黑火药有臭鸡蛋味等。而水果糖有苹果、香蕉、菠萝等水果的香味;饼干有奶油香味和甜、咸味;各类食品罐头亦有明显的气味区别。据此,可判断该物品是不是爆炸物。

第 4 节　化学分析法

化学分析法是根据炸药和化学药品混合发生的化学反应,从反应后的各种颜色分析出炸药的基本成分和种类的一种方法。化学分析法主要有:化学喷显法、二苯胺酸溶液显色法、氢氧化钠溶液显色法、水解试验法等。

根据某些化学试剂与炸药发生化学反应后的颜色变化来判定炸药种类。化学分析法的优点是操作简便、成本低,适合于现场检测,类似于试纸的检测。化学分析法的缺点是对颜色识别的可靠性有一定的误报率。

例如梯恩梯和多硝基芳香族化合物的显色剂,是 1,3-二苯基丙酮-氢氧化四乙胺,以乙醇为溶剂。配制方法:将 5 g 1,3-二苯基丙酮和 5 mL 20% 氢氧化四乙胺的甲醇溶液加入到 100 mL 乙醇中。该显色剂对梯恩梯显红色或橘红色,可检测到含量为 0.4 μg 的梯恩梯。这种显色剂对多硝基芳香族化合物的检测也是有效的,因此多硝基芳烃能干扰对梯恩梯的检测。

二苯胺酸显色剂配制方法:将 1 g 二苯胺试剂溶于 50 mL 纯浓硫酸(密度为 1.84 g/cm^3)中备用。将 1 mg 待检材料放在洗净的点滴板(调色板)上,然后将配制好的溶液滴上 1 ~ 2 滴,如显示蓝色则为硝酸铵类炸药、氯酸盐类炸药或硝化甘油类炸药。

氢氧化钠显色剂配制方法:将 1 g 氢氧化钠溶于 9 mL 蒸馏水中备用。将5 mg待检材料放在点滴板上,用 3 ~ 5 滴丙酮溶解后,再滴上配制好的试剂 3 ~ 5 滴,如显示红色即为梯恩梯炸药、铵梯炸药、黑梯(B 型炸药)炸药,或特屈儿、泰安炸药。

水解试验法:对硝酸盐类混合炸药,取清水一杯,将 5 g 炸药放入杯内搅拌,待 2 ~ 3 min 后,硝酸盐则被水溶解,木粉则漂浮在水面,水杯底的黄色物质则是梯恩梯。

一、化学喷显法

化学喷显法是利用化学显色反应的原理,制成喷雾显色剂,当显色剂喷在含有炸药成分的物品上时,如书包、箱子、衣物、工具等,如果这些物体的内外表面有残留的炸药,即可与微量炸药元素产生作用,被检物产生一种特殊的颜色,用来识别是否有炸药的存在。携带炸药的人员和藏有炸药的物品,其表面均有微量炸药。化学喷显法主要是通过对附在人员、物品表面的微量炸药进行检测来发现爆炸物。使用化学喷显的方法对附有微量炸药的人员、物品进行检测,只要用一张纸擦一下可疑人员或物品,然后用试剂喷显,即可发现爆炸装置，这种方法也称为转移喷显法，可用于检查手、皮肤、衣服、生活用具等是否残留有炸药，这对于检查曾接触过炸药的人和物来讲，具有重要价值。

目前我国已研制了两种喷显剂，即梯恩梯喷显剂和黑索金及硝酸酯类喷显剂。化学喷显法的特点是速度快（常温下 8～15 s 内完成反应）、灵敏度高（遇有微量炸药就可反应，炸药限量为 0.2 μg）、误报率低、抗干扰性强、便于携带、使用方便，是公共场所检测炸药和可疑人员的一种有效手段。

二、二苯胺酸溶液显色法

（一）溶液配制

将 1 g 二苯胺试剂溶于 50 mL 密度为 1.84 g/cm^3 的纯浓硫酸中，装入棕色试剂瓶备用。

（二）应用

将 1 mg 检材放在洗净的点滴板（或调色板）上，然后将配制好的溶液滴上 1～2 滴，如显蓝色则为硝酸铵类炸药、氨酸盐类炸药或硝化甘油类炸药。

三、氢氧化钠溶液显色法

（一）溶液配制

将 1 g 氢氧化钠溶于 9 mL 蒸馏水中即成。

(二)应用

将 5 mg 待检材料放在点滴板上,用 3 ~5 滴丙酮溶解后,再滴上配制好的溶液 3 ~5 滴,如显红色即为梯恩梯炸药、铵梯炸药、黑梯(B 型)炸药,或特屈儿、泰安炸药。

四、水解试验法

对硝酸盐类混合炸药,可进行水解试验。取清水一杯,将 5 g 炸药放入杯内搅拌,待 2 ~3 min 后,硝酸盐则被水溶解,木粉则漂浮在水面上,水杯底的黄色物质则是梯恩梯。

综上,目前现有的爆炸物探测识别方法和技术手段,还难以满足对爆炸物快速准确有效探测的要求。上述介绍的仪器探测法、动(生)物识别法、感官识别法和化学分析法,彼此之间各有所长,也各有欠缺,具体应用时要结合具体的任务要求、作业环境、目标对象等合理选用。

仪器探测法:金属探测只能探测爆炸装置中的金属部件;X 射线探测只能通过物体的形状特征图像进行识别;炸药探测器主要适用于疑似爆炸物沾染炸药的取样式检测判别,不适合大面积非接触式爆炸物的快速探测。

动(生)物识别法:搜爆犬训练周期长,对作业环境要求高,需要专业训导员。另外,动物的疲劳和不适会影响其判断力和准确性。

感官识别法:发现率较高,但费时费力,工作效率较低,无法在短时间内完成大量被检物品的检查,且不安全,通常只在被检物品较少,或需要进一步作重点检查时采用。

化学分析法:容易受外界条件(温度、湿度、光照等)和人为因素(操作不当、试剂质量等)的干扰,影响检测结果的准确性和可靠性。同时该方法步骤较多,相对复杂且耗时,不利于快速高效检测爆炸物。

第 2 章　探测与识别装备

第 1 节　金属探测系统

由于大多数爆炸装置都含有金属,因此,金属探测系统是目前各国应用最多、使用最普遍的爆炸装置检查与识别装备。

一、GTL117 型双频金属探雷器

GTL117 型双频金属探雷器适用于探知经伪装后埋设在浅表地层及浅水(海水)中的带金属物体。

(一)结构组成

GTL117 型双频金属探雷器(图 2-1)由探头、可伸缩探杆、连接电缆、耳机、控制盒和电池筒等组成。

(二)工作原理

探雷器的探头内装有电感线圈,电路工作时,探头产生交变电磁场,称发射场。金属物体在发射场作用下,产生涡电流又形成新的电磁场,由金属物体的涡电流产生的电磁场和发射场相叠加,从而使发

射场产生畸变。利用这种磁场变化引起的探测振荡器的频率变化，使耳机获得声音变化，人们凭借耳机中声音的强弱变化来判断探头下有无金属物体存在。

图 2-1　GTL117 型双频金属探雷器

(三)主要性能参数

(1)探测灵敏度：对 72 式塑料防步兵地雷探测灵敏度不小于 10 cm。

(2)定位精度：定位点与地雷边缘的距离不大于 5 cm。

(3)探头直径：250 mm。

(4)探杆可调长度范围：750 ~ 1 600 mm。

(5)单机工作质量：不大于 3.5 kg。

(6)连续工作时间：用 3 节 R20P(1 号)电池作为电源，持续供电时间不小于 20 h，具有自动欠压报警装置。

(7)报警方式：单耳机双音频音响报警。

(8)环境温度范围：-40 ~ +50 ℃(不含电池)。

(四)操作与使用方法

1. 结合

(1)检查电源。

打开电池筒后盖,装入 3 节 R20P(1 号)电池,注意电池极性。拧紧电池筒后盖,电池筒挂在背带上,电池筒的插头接入控制盒的插座上。

(2)连接(调整探杆状态)。

①将电缆插头接入控制盒的插座上。

②将耳机接入控制盒。

③把金属探杆和塑料短柄连接起来,旋紧螺母,调整金属探杆长度。

(3)调整探头和探杆之间的夹角。

为使操作时探头平面与地面平行,根据操作业手的需要,拧松探头和探杆连接的螺母,调整好角度之后,再将螺母拧紧。

2. 调试

(1)开机。

在"开/关"按键上按一下,耳机中会发出"嘀"的一声,这段声音间隔较长,同时发光灯会闪烁。之后出现连续短促的 5 声"嘀"后发出"嘟"的一声,表示开机状态结束。其后每隔6 s发出"嗒"的一声,这表明该探雷器工作正常。

（2）灵敏度检查。

按一下“灵敏度”键，发光灯亮 1 只表示低挡，亮 2 只表示中挡，3 只同时亮表示高挡。

（3）灵敏度选择。

连续按“灵敏度”键 2 次可变换一挡灵敏度，灵敏度处在低挡时连续按“灵敏度”键 2 次可将灵敏度调至高挡。

（4）性能检查。

探头对空，确定周围无金属物，将金属件分别悬停在探头左右半圈上方应分别听到“嘀”“嘟”2 声。灵敏度挡位不同时，金属件与探头面的距离不同。

3. 探测作业

（1）根据地形选择适当的探测灵敏度。例如地形平坦可选择低挡；地形高低不平，探头难以接近地面，则选用中档或高挡。

（2）探扫时探头平面应与地面保持平行，高度一般以接近地面为佳，注意不要擦到地。

（3）探扫过程中听到“嘀”“嘟”2 声才能确认金属目标的存在。仅听到一声“嘀”或“嘟”时则认为是虚警。当耳机连续发出“嘀”声或“嘟”声时，说明探雷器需要将探头对空按“调零”键进行校零后才能继续作业。

如果校零后耳机仍有连续声，说明该处的土壤背景特殊，需要进行背景学习。

背景学习的方法是：将探头左侧或右侧接近地面，使探头与地面呈一定夹角,按下“背景”键,等待背景发光灯连续闪烁后,应听到连续的报警声,此时探头抬起对空按“调零”键进行校零,探雷器就“学习”了该地的背景特征。

(4)在探扫过程中,若听到“嘀”“嘟”声,则可进行定位。金属物进入探头的左、右半边时会发出不同的声频。例如左半边“嘀”则右半边“嘟”,或相反。探雷器的探头静态时也能探测。因此探扫前记住左、右半边的声音,在发出“嘀”“嘟”的报警声时先前后移动一下探头,确定报警声最大的位置,再在此位置左右缓慢移动探头,在“嘀”“嘟”声交界处即可确定为目标的中心位置。

(5)在淡水或海水中探测时,将探头放入水中,若探扫时虚警较多或有连续声音时,先按“调零”键校零。如校零无效则进行背景学习,用以清除背景干扰。

二、袖珍金属探测器

袖珍金属探测器又叫手持式金属探测器(图 2-2),有棒状、环状、球拍状等样式,由探头和报警器(蜂鸣器或指示灯)组成。它的工作原理与探雷器基本相同,结构上大同小异,但手持式金属探测器具有体积小、质量轻、操作简单、机动性强等优点,是探测被检目标(主要是人和物)内是否有金属的较理想器材,但只能用来区分金属与非金属,不能准确辨别物体的大小和形状。

袖珍金属探测器通常用于检查人身携带的各种金属物品,广泛用于机场、海关、重要出入口等处的防爆安全检查。使用时,尽可能贴近被检查者的身体,但又不要碰撞到人体。在不同的检查场合,可以使用不同报警的探测器。例如在声音嘈杂的环境中,宜使用带有外插耳机的金属探测器,以便于分辨显示信号,在非公开场所执行安全检测任务时,可以利用电麻手感报警方式的探测器,便于隐蔽检查。

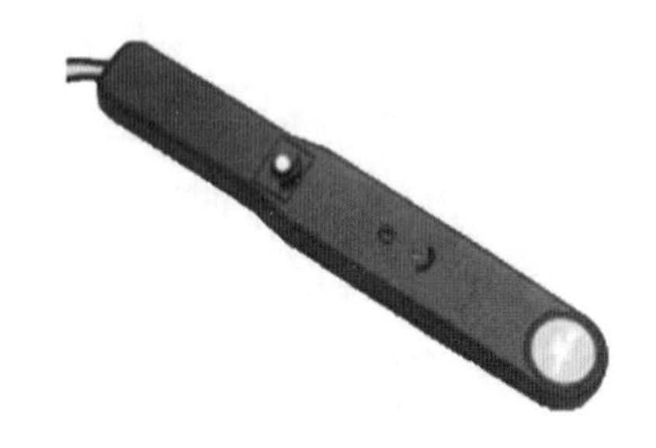

图 2-2　袖珍金属探测器

三、金属探测门

金属探测门也叫安全门。早期用于探测人身隐蔽的枪支、匕首和其他带有金属的凶器。由于经常设置在机场、火车站等重要设施的入口处,检查进入的人员而得名。其外观类似一个门,由 2 个"门柱"和脚下踏板部(设有若干个探头)组成(图 2-3)。当人员从此门经过时,探头组对通过人员的多个部位探测,如探出金属则报警。由于金属探测门安装方便(有些可以移动),探测部位多(能探测人员的脚、腰、腋下等多个部位),人员通过能力强,因此被广泛使用。金属探测门对于探测隐蔽的带有金属外壳或是含有一定数量金属制品的爆炸装置来讲是十分有效的。但是对于无金属壳体,无金属部件或只含微量金属的制品来讲,金属探测门就难以发挥作用,因此,金属探测门也需要与其他检查手段相配合使用，才能达到较好的安检效果。

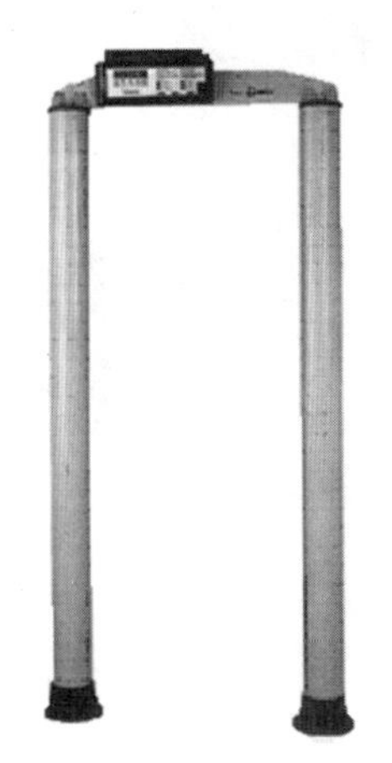

图 2-3　金属探测门

四、邮件金属探测器

邮件金属探测器是一种用来检查信封内有无金属物品或含有金属部件的微型爆炸装置探测器材，主要供邮检、机检、收发等部门使用。一般由送信口、探头组、显示灯 3 个部分组成，使用时只需将邮件放入送信口，探头就会自动探测，显示灯就会做出正常/报警的指示（图 2-4）。邮件金属探测器具有造价低、误报低、安装使用方便、检查速度快的特点。

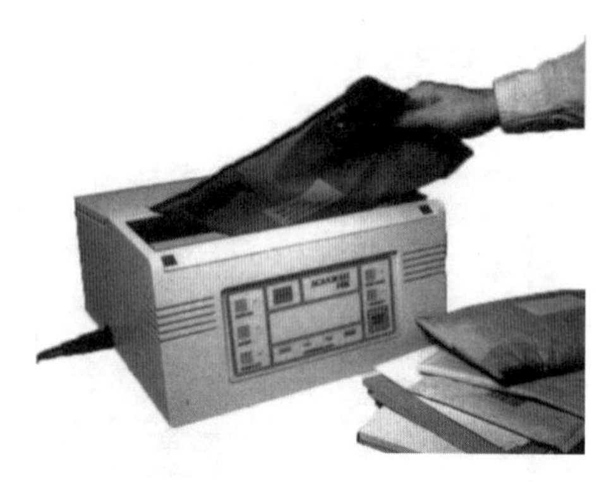

图 2-4　邮件金属探测器

第 2 节　X 射线检查系统

X 射线检查系统是安全检查的主要设备之一，在世界各个需要进行防爆安检的场所应用广泛。

一、X 射线探测物体的基本原理

X 射线是一种比可见光波长短得多，穿透力极强的电磁波。当它照射密度不同的物质，X 射线就可不同程度地透射过去并有部分反射，对这些透射和反射的 X 射线用技术方法处理后，在显示系统（荧屏或底片）上就可以将不同密度的物质区分显示出来。据此，X 射线检查系统可以用透射原理和反射原理 2 种方法建立：在用透射原理建立的 X 射线检查系统中，受照射的物体密度越大，物质吸收的 X 射线越多，透射过的 X 射线越少，显示系统（如照片和荧光屏等）图像直接显现出的颜色就越深（黑）；反之，照射的物体密度越小,在显示系统中现出的图像颜色就越浅(白)。而在用反射原理制成的 X 射线检查系统中,受照射体的密度越大,吸收的 X 射线就多,反射的就越少,显示系统显示出的图像颜色就浅;反之,受照射体密度越小,显示系统显示出的图像颜色就深。

除了透射和反射原理成像外,目前,有的 X 射线检查系统还能够反映检测物化学成分的信息,并根据被检物的原子序数区分出有机物和无机物,并以不同的颜色在彩色监视器屏幕上显示出来。

二、常用 X 射线检查系统

目前使用 X 射线检查系统主要有 2 类,即通道式大型 X 射线检查系统和便携式 X 射线检查系统。通道式大型 X 射线检查系统又分为固定通道式和车载通道式。

(一)固定通道式大型 X 射线检查系统(图 2-5)

固定通道式大型 X 射线检查系统主要由 X 射线发射系统、成像显示系统和皮带传输系统组成。工作时,将受检物件放在传送带上送往 X 射线发射系统中照射,经成像显示系统处理,被检物件的内部结构就清晰地显示在监视器上了。如我国生产的 V8065 型通道式 X 射线检查系统,具有无 X 射线辐射伤害、穿透力强、辨别力高(钢板 12 mm 以上、铜线直径 0. 16 mm)、受检物体积大的特点(80 cm×65 cm)。一般安装在机场、火车站、重要设施入口等处,对大中型行李物件进行安检。

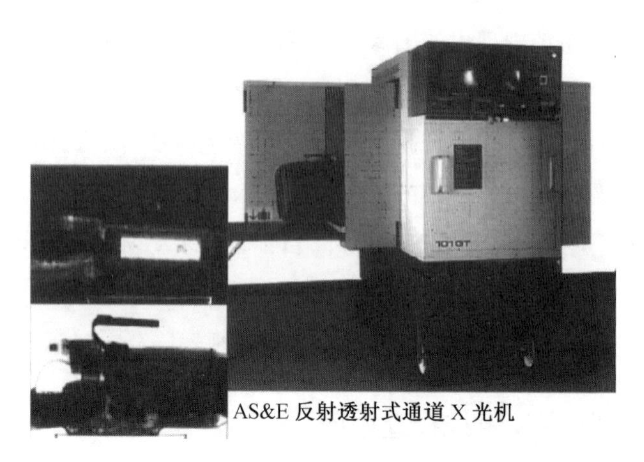

图 2-5　固定通道式大型 X 射线检查系统

(二)车载通道式大型 X 射线检查系统

车载通道式大型 X 射线检查系统是一种将固定式 X 射线检查系统安装在稳定性好、具有一定越野性能的汽车上,可流动使用的 X 射线检查系统。车载通道式大型 X 射线检查系统增加了检查系统的机动性,特别适合野外机动使用。目前,我国生产的多能量 X 射线行李安全检查车就是一套独立配置的移动式安全检查系统,已在国内多个防爆安检部门配置。

(三)便携式 X 射线检查系统

通道式 X 射线检查系统尽管穿透力强、分辨率高,但体积大、质量大,使用受环境和场所限制较大。因此,需要一些小型的、能够携带的便携式 X 射线检查系统(图 2-6)。目前主要有直接观察便携式 X 光机、储存屏便携式 X 光机、一次成像便携式 X 光机、数字化便携式X光机等几种。

图2-6 便携式X射线检查系统

1. 直接观察便携式 **X** 光机

直接观察便携式X光机是一种早期的便携式X射线机，具有成本低、使用方便的特点，如我国生产的2801、S9613等。但它的X射线辐射泄漏较大，长期使用对工作人员有一定伤害。目前，国外正通过技术手段对直接观察式X射线仪进行改进，使其射线泄漏剂量大大降低，从而研制了一些操作简便适合检查小件物品的直接观察便携式X射线仪，如信件炸弹检测仪等。

2. 储存屏便携式 **X** 光机

储存屏便携式X光机由X射线发生器、控制器（一般可远距离有线控制）和储存屏组成。使用时将被检物品放到X射线发生器与储存屏上储存一段时间供检查人员分析辨别，分析辨别完毕后可将图像消除,储存屏可反复使用。这种器材虽然可以远距离有线控制,避免了 X 射线辐射的伤害,但储存屏反复使用,使图像清晰度不断下降,影响检查效果,因此目前已较少使用。

3. 一次成像便携式 X 光机

一次成像便携式 X 光机主要由 X 射线发生器、控制器(远距离遥控)、一次成像系统(照片/洗像)组成。使用时将被检物放到 X 射线发生器与宝丽来照片之间照射,通过洗像系统处理,将 X 射线图像以正片的形式显现在宝丽来一次相片上。这种器材体积小、质量轻、便于携带、无 X 射线泄漏伤害、照片清晰、穿透力强、分辨率高(铝板 60 mm、铜线 0.1 mm),是理想的便携式 X 射线检查仪,已被各界广泛使用。我国目前使用的一次成像检查系统主要是 120-1 型便携式闪光 X 射线检查仪。

4. 数字化便携式 X 光机

数字化便携式 X 光机主要由 X 射线发生器、控制器(有线或无线)、数字化处理系统和电脑显示系统组成。使用时将被检物放到 X 射线发生器与数字化处理系统之间照射,通过数字化处理将图像在笔记本电脑上显示出来,这种器材不仅吸收了一次成像检查系统的全部优点,同时由于加入了数字化处理系统,可以在电脑上对图像进行多次处理并长期保存(可打印)。应该说数字化 X 射线检查系统是现今世界最先进的便携式 X 射线检查系统,代表了便携式 X 射线检查系统的发展方向。目前我国生产并投入使用的数字化 X 射线检查系统是 120-2 型闪光检查仪,其分辨力和穿透力都已达到了国际先进水平。

第3节　应用感测雷达原理的安检门系统

感测雷达是一种装有超宽带运动传感器的新型运动感测雷达，可以隔着墙壁发现人员的活动，除在许多军事领域内有着广泛的用途之外，还可用在安全检查系统上。它对任何物体或人都可以像X光机安检系统一样成像显示，而且通过匹配处理，可以消除人体引起的成像信号，仅剩下携带物品的图像。由于它的微波辐射极小，对人体基本无伤害，所以人完全可以携带任何物品通过安检门接受检查，无须像金属安检门那样麻烦。感测雷达是一种取代现在大量应用的金属安检门和X光机安检系统的理想的安检器材。

第4节　炸药探测器

炸药探测器也称为炸药探测系统（图2-7）。无论爆炸装置的外表伪装得多么巧妙，利用炸药探测系统都可准确地识别和探明人员接触炸药后遗留在包裹或其他物体上的炸药痕迹。仪器会敏锐地捕捉到这些粒子或炸药散发出的气体，从而准确地判断出爆炸物品的存在，特别适宜检查不便移动的物品。目前炸药探测器主要有蒸气压法炸药探测器、中子炸药探测器和散射扫描法炸药探测器3种。

一、蒸气压法炸药探测器

众所周知，任何物质，不论是固态还是液态都有自己的蒸气压，

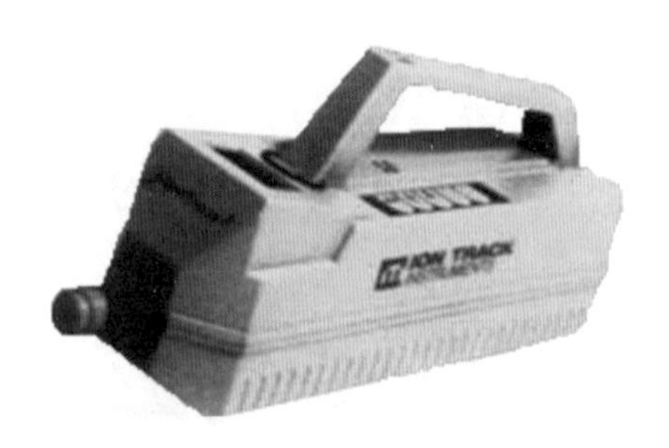

图 2-7　炸药探测器

捕捉炸药特有的“气味”，做出定性分析就是炸药探测器的任务。蒸气压法炸药探测器有电子俘获法和离子俘获法 2 种。

电子俘获法的探测器主要由真空收集系统、加热系统、电子俘获系统和处理系统组成。由真空收集系统将微量炸药蒸气吸入探测器中，经加热系统加热后用惰性气体（如氩气）或空气传送到电子俘获系统（电子俘获器），此时亲电的炸药分子就会捕获一部分热电子，不同的炸药捕获热电子能力不同。因此，处理系统就会显示出不同的信号，从而被检物得到定性测定。电子俘获法的探测器体积小、质量轻、携带方便、操作简单，对防爆安全检查中专业人员探测隐匿的炸药起到了一定作用，曾一度被较广泛地使用，如 PD2、PD3、DP5 型和 EVD300 型。但由于许多日用品，如化妆品、香烟等都有和炸药一样的亲电物质，经探测器探测时也会发出报警，所以用电子俘获法制成的炸药探测器误报率相当高，严重影响了使用效果。

离子俘获法的探测器由真空收集系统、加热系统、离子俘获系统和处理系统组成。真空收集系统，在被检物表面吸附，收集微量炸药分子，经加热系统加热后，炸药分子进入离子俘获系统，此时，各不相同的炸药离子受到俘获系统俘获，并在处理系统中进行定性分析。处理系统根据离子特征判断该物质是否为炸药，由于各种物质（包括炸药）的离子各不相同，所以这种探测器误报率极小。

二、中子炸药探测器

中子探测技术是运用中子照射被检测物，通过元素衰变，辐射出具有元素特征属性的中子或者 γ 射线，从而判断被检测物中 C、H、O、N 元素含量的比值和含量，以确定被检测物是否含有爆炸物。国外主要中子探测系统有欧洲的 EURITRACK 项目、美国的 PELAN 系统和俄罗斯的 SENNA 系统等。

目前，中子探测炸药法有热中子活化、自动中子源加速器、弹性中子散射、脉冲快中子活化等。

三、散射扫描法炸药探测器

散射扫描法炸药探测器由 X 射线源的扫描头和微处理器的电子学测量单元 2 部分组成。当扫描头在被测物表面扫描时，X 射线与被测物分子相互作用产生康普顿散射效应，电子测量单元很快测出被测物中电子密度分布，进而得到被测物的物质密度、有效原子序数和百分比含量等 3 项个物理指标，从而确定被测物是否是炸药。

近年来，各国都在不断努力研制各种新型炸药探测装置。据报道，面对日益猖獗的爆炸恐怖活动，俄罗斯已研制出一种新型炸弹探测器，可在 1 h 内完成对 290 m^2 区域的探测，探测的准确率达 99.6%，该仪器的核心部件是一个 γ 射线装置。无论爆炸装置伪装得多么巧妙，当γ射线穿过外壳照射到C、N等元素时，就会释放出化学性质极不稳定的短衰期同位素B和N，这两种同位素在衰变时，会放出一批次级粒子，而炸药探测器会敏锐地捕捉到这些粒子，可判断出是否有炸药存在。

第5节　AJ001直软管窥镜

AJ001直软管窥镜（图2-8）主要用在排爆过程中，对无法直接观察到的场所、各种包装形式的可疑爆炸装置进行内部观察。

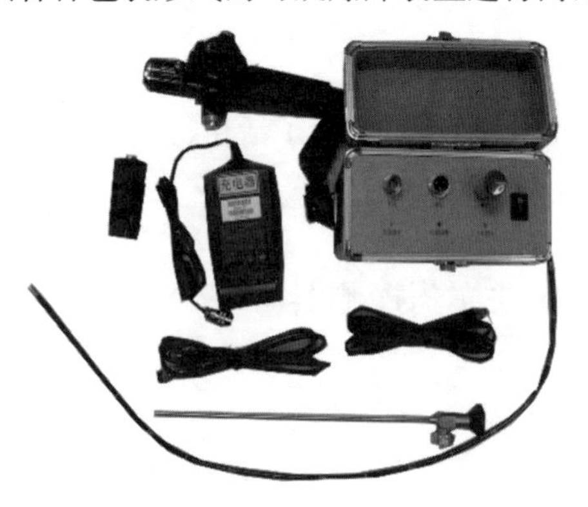

图2-8　AJ001直软管窥镜

一、结构组成

AJ001直软管窥镜主要由软管窥镜、便携式电源、电源光源连接线、直管窥镜、充电器连接线、便携式光源和充电器组成。

软管窥镜的调整钮共由4层组成，由上至下排列。第一层是上层弯曲锁紧钮，第二层是“*YZ*”方向弯曲钮，第三层是“*XS*”方向弯曲钮,第四层是下层弯曲锁紧钮。上层弯曲锁紧钮用于锁紧“*YZ*”方向弯曲钮,下层弯曲锁紧钮用于锁紧“*XS*”方向弯曲钮。

二、主要性能

(一)直管窥镜

直管窥镜直径为 4 mm,长为 300 mm。

(二)软管窥镜

软管窥镜直径为 6 mm,长为 1 350 mm。

(三)便携式电源

(1)容量:9 Ah。

(2)输出电压:直流 8 ~ 12 V。

(3)充电次数:不少于 400 次。

(4)尺寸:183 mm×85 mm×190 mm。

(5)质量:小于 2 kg。

(四)便携式光源

(1)电压:12 V。

(2)功率:20.04 W。

(3)光通量:314.2 流明。

(4)色温:3 000 K。

(5)寿命:2 000 h。

(6)尺寸:直径 36 mm×120 mm。

(7)质量:0.12 kg。

三、工作原理

直软管窥镜采用光纤传导图像,利用光纤可弯曲的特性,借助辅助光源传送的冷光源,使操作人员可以清楚地观察到正常情况下无法观察到的场所或可疑爆炸物内部。

四、操作使用

操作使用步骤包括:安装、调试检查、探测作业。

(一)安装

(1)打开铝合金包装箱。

(2)从包装箱中取出软管/直管窥镜、便携式光源、便携式电源。

(3)将光源与窥镜的导光口用螺纹接口连接。

(4)取出便携式电源和电源连接线,使用电源连接线将光源与电源连接好。

(二)调试检查

(1)检查软管窥镜。

目视检查软管窥镜表面有无破损或其他缺陷。

(2)检查弯曲度。

分别按“*X*”“*Y*”“*Z*”“*S*”方向慢慢操作弯曲钮,确认弯曲部顺利和正确弯曲，并能达到最大弯曲角度（角度约为 90°），同时目视检查弯曲的外表面无任何缺陷。

(3) 检查弯曲钮：分别按“*X*”“*Y*”“*Z*”“*S*”方向慢慢操作弯曲钮，四方向可自由动作，应没有太大阻尼感；当弯曲部位接近 90°时，释放弯曲钮，弯曲部位应有明显回位现象。

(4) 检查弯曲锁紧钮。

①转动“*Y*”“*Z*”方向弯曲钮，使弯曲部位弯曲到接近 90°，逆时针（“F”箭头的相反方向）转动上层弯曲锁紧钮，弯曲部位应被锁定；当顺时针（朝“F”箭头所指方向）转动弯曲锁紧钮时，弯曲部位应有明显回位现象。

②转动“*X*”“*S*”方向弯曲钮，使弯曲部位弯曲到接近 90°，逆时针（“F”箭头的相反方向）转动下层弯曲锁紧钮，弯曲部位应被锁定；当顺时针（朝“F”箭头所指方向）转动弯曲锁紧钮时，弯曲部位应有明显回位现象。

③检查完毕后，弯曲锁紧钮按顺时针（“F”箭头所指方向）旋转，使软管处于放松状态。

(5) 检查光学系统。

通过调节目镜，应能清晰地看到离物镜 15 mm 的目标。

(6) 检查其他连接器件。

检查便携式光源与直管或软管窥镜的连接，便携式光源与便携式电源的连接应顺畅，接合牢固。

（三）探测作业

根据现场实际情况选择使用直管窥镜或软管窥镜，窥镜确定后，

打开电源开关,按下述步骤操作:

(1)如使用软管窥镜,首先要调节目镜,直至图案被清楚地聚焦。

(2)将直管或软管窥镜轻轻插入可疑爆炸物外包装上的小孔中。

(3)调节光源的亮度(顺时针旋转调光开关光亮度增强,逆时针旋转调光开关光亮度减弱),以获得最舒适的光照亮度。

(4)视需要操作弯曲钮来引导弯曲部位,当观察到目标时用弯曲锁紧钮锁定,以便进行仔细观察。

(5)使用完毕,必须先关闭电源,再拔去电源光源连接线插头。

五、使用注意事项

(一)软管窥镜光纤软管弯曲部弯曲角度不能小于90°,其余部分弯曲半径不能小于80 mm。

(二)充电时确保便携式电源开关在“O”位置。

(三)凡表面有破损或折痕的软管窥镜一律不得使用,防止腐蚀光纤。

(四)使用过程中如感到软管窥镜的操作有异常,应立即停止观察。将弯曲钮复位,小心撤出软管。

(五)转动弯曲钮时如感到阻力异常,应暂停使用。

(六)操作弯曲钮时,动作应缓慢、平稳。

(七)若电量报警指示灯亮,应停止工作,立即充电。

(八)使用完毕,必须及时关闭电源。

第 6 节　其他探测装置

一、电子听音器(定时炸弹探测器)

电子听音器,也叫定时炸弹探测器,是用来拾取隐蔽在行李或某个物体内定时炸弹的走动声音的仪器,尤其是对于探测机械定时的炸弹效果较好(图 2-9)。

图 2-9　电子听音器

利用电子听音器可以将钟表、定时器等的低频声音放大,通过滤波器滤掉高频,把人耳听不到的频率转换成可听频率,实现探测目的。所以,使用电子听音器可以在一定的距离内听到机械钟表走动的声音,甚至还可以听到石英振荡的声音。当前电子听音器有 3 种类型:一是接触式探测器,利用固体传感传达振动波;二是非接触式探测器,它是通过空气传递,但探测距离不超过 4 m;三是雷达式探测器。

（一）接触式探测器

接触式探测器是利用固体传感的原理传送振动波进行探测。它由探头、电源、耳机、控制系统和滤波增强系统组成。探测时探头需直接接触被检查物质物体，声源和探头之间不能有空隙。如果有钟表机械体走动，就可以通过耳机听到声音，当声源与探头之间有空隙时，探测器则失去作用。此类探测器性能稳定，操作方便，适用于对行李包裹、封闭式箱子等物品进行检查。20 世纪 90 年代以前，安检人员普遍使用此类探测器，如德国生产的 MEL70、MEL80 型等。

（二）非接触式探测器

接触式电子听音器固然在探测个别具体物体时能发挥很大的作用，但对于一些场所的安检则很不方便，因为安检人员不可能用探头接触被检场所内每一个物体，因此，人们又利用空气传播的原理研制了非接触式电子听音器。非接触式定时炸弹探测器通过空气传播振动波，使用时与被检查物品离开一定距离（一般为 20 ~ 30 cm），靠空气中的传播探测到被检查物品中的异常响声，据此可以判定被检物的性质。它的构成体系与接触式大体相同，操作人员只要在使用时将探头对着被检物（而不用直接接触）就可探测，这样大大节省了安检时间和劳动强度。同时由于非接触式电子听音器采用了更为先进的滤波增强系统，灵敏度得到增强，使探测距离增大到 4 ~ 8 m，已经取代了接触式电子听音器，并成为探测定时炸弹的主要器材。

(三)雷达式探测器

雷达式定时炸弹探测器可用于礼堂、会议室等大型活动场所的安全检查,但造价高,而且极易受电磁波的干扰,所以很少使用。

二、非线性节点探测器

非线性节点探测器是一种用于探测含有电子元件的爆炸物探测仪器(图 2-10)。其原理是在搜查的区域内发出高频波,激发各种定时器、遥控器及窃听器的非线性节点上的自激回波,用探测器上的接收器捕获各种振荡回波,以达到定位搜查的目的。利用非线性节点可探测含有电子元器件的物品、探明爆炸物的定时装置或遥控装置。

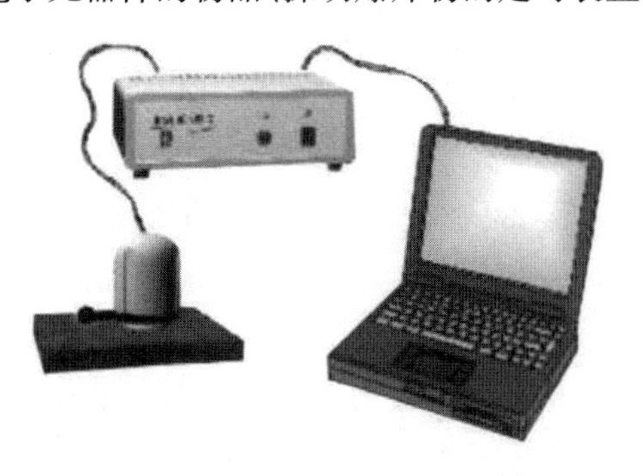

图 2-10　非线性节点探测器

三、汽车炸弹探测系统

汽车炸弹探测系统是针越来越多的汽车炸弹而研发的探测系统(图 2-11)。近年来,德国 PK 电子公司研制了 2 种新型汽车炸弹探测系统,一种是 Insearch 系统,另一种是 Magsearch 系统。该系统可检查指示车辆是否安全或被破坏，亦可利用磁力作用找到装在汽车底部的炸弹。

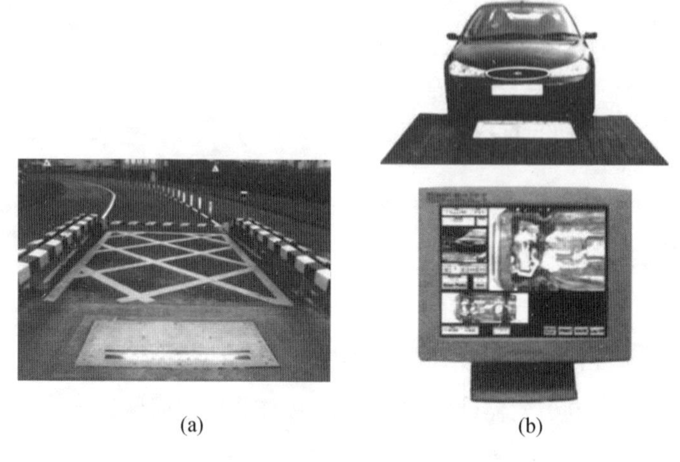

(a) (b)

图 2-11 汽车炸弹探测系统

Insearch 系统的特点是，当使用遥控接口方案工作时遥控距离可达 150 码(约 137 m)。在汽车周围装有隐藏的传感器，由它们组成的电子系统可指示车辆是否安全或被破坏，通过汽车玻璃窗能看到仪表盘，也能通过遥控接口进行检查和操纵。遥控接口可以让用户全面检查自动点火、打开前灯、开收音机和任何电子部件的电子电路，因为用电子电路使汽车炸弹引爆是最常用的方式。该系统可对汽车进行全面自动检查。

Magsearch 系统是一种小型手持式装置。它能根据磁力作用找到装在汽车底部的炸弹，准确性较高，可通过金属或非金属防护板来探测任何磁性物体。该系统在昼间和夜间都可使用。

四、违禁品探测器

违禁品探测器是利用探测器内部的一个微型放射源发射 γ 射线来探测爆炸装置(图 2-12)。由于不同密度的物质对射线的反射性能不同,利用此特性通过测量反射回的射线的强度,发现被测物体内部密度的突变,从而发现被探测物体是否为爆炸装置。违禁品探测器在西方许多国家的现场安检搜查中发挥着巨大的作用。

图 2-12　违禁品探测器

五、红外潜望镜

红外潜望镜是一套便携式红外视频摄像系统(图 2-13),用于搜查人不易达到的区域。摄像机置于潜望镜的头部,配有高功率红外光源,为观察建筑物、船、飞机、车内的纵火装置、爆炸装置、违禁品和犯罪搜查提供有效帮助,其长度可延长至 15 英尺(约4.57 m)。该系统具有便携性和通用性，配备高分辨率黑白摄像机及红外照明光源，并配有一套背带式监视器和带遮阳板的显示系统，使用可充电电池供电。

图 2-13　头盔式夜视仪和红外成像仪

第3章　重点目标检查

第1节　场所设施的检查

一、场所设施检查的重点

对重要场所通常用人工检查、生物检查、仪器探测等方法进行检查。按先重点后一般,先室内后室外的顺序进行。其检查的重点如下。

(一)建筑物检查的重点部位

根据建筑物的建筑结构和爆炸目的不同,爆炸装置安放的位置有所不同。一是建筑物的承重部位和结合部位;二是建筑物的附属设备及隐蔽处。

(二)大型公共场所检查的重点部位

1. 堂、馆

对礼堂、会议室、体育馆、影剧院等堂、馆的检查,以人工搜索为主,并辅以探测仪和生物手段。检查的重点部位如下。

(1)主席台。

首先对主席台的台上、台下、乐池、幕布、地下室进行细致检查;其次要检查所有的桌、椅下面及背后是否藏有物品;再次检查摆设的花盆、装饰物及茶具等内部是否设置爆炸装置。

(2)休息室、卫生间。

这些处所室内的沙发、茶几等家具要进行检查,并对各种易隐藏爆炸装置的地方(如通风口、储水箱、下水道、天花板顶内等)进行检查。

(3)工作间。

如供电、译音、录音、通信、转播等系统所占用的房间,以及化妆室等,除进行检查外,还要进行试用检验;同时,灯光、电子、显示、扩音等系统,都要试用检验。

(4)座席。

主要对有无破损和重新修补缝合的部位检查,同时对座椅的下面也应注意检查,并注意检查其他不易引人注意的部位,如垃圾箱、痰盂及遗弃物品等。

2. 体育场

对体育场的检查,除按照堂、馆的检查方式外,还要对场地地面进行全面探测。有大型表演活动时,应注意对大型道具的检查。

(三)车站、机场和码头检查的重点部位

1. 车站

(1)候车室、售票处。

主要对人和物进行检查,包括旅客和其他一切有关的人员,以及上述人员携带物品和其他物品,同时,对候车室、售票处本身也要按照建筑物检查的重点进行安全检查。

(2)广场、停车场。

主要对场内的车辆、物品、人员进行检查。

(3)寄存处、行李房。

主要对物品、行李进行安全检查。

2. 机场

机场防爆安全检查的重点部位较多,一般着重检查跑道、滑行道、停机坪、油库、导航台及转达站等地方。

3. 码头

码头分为固定码头和浮动式码头。固定码头防爆检查的重点部位是基础桩上部结构和延伸部位;对于浮动式码头还要重点检查水下连接部位。

(四)通信枢纽检查的重点部位

通信枢纽包括电台、电视台、电报局、电话局等单位和设施,是信

息传播的中心。通信枢纽防爆检查的重点部位是:电台、电视台电源部分,无线电发射装置、机械室、发射塔的底部,电报、电话局的继电器室、交换机室、电源室,以及线路的引入线、地下线和配线装置等。

(五)桥梁、涵洞、隧道检查的重点部位

1. 桥梁

检查桥梁时,要仔细检查桥脚、桥墩、桥台,以及桥墩与桥面的接合处等要害部位。对于不同结构材质的桥,要针对重点易损部位进行检查。如石桥、混凝土拱桥,只要炸毁桥脚,其上部结构就会坍塌,整个桥面会遭到全部破坏;钢筋混凝土桥与钢桥,由于比较坚固,可能会使用较多炸药,可能会在桥脚、桥墩处安放炸药,炸毁桥面、桥梁和桁架等。

2. 涵洞

涵洞的拱顶部位置为检查的重点。此外还要检查水面异常漂浮物,防止利用漂浮物携带爆炸装置炸毁涵洞。

3. 隧道

隧道两端入口的顶部或较长隧道中间的拱顶部及铁轨下部为检查的重点。

(六)要害目标设施检查的重点部位

对要害目标设施的检查通常以外围为重点,如目标周围环境、建

筑物外部的异常部位和被破坏的部位等,若应目标单位的要求或与目标单位的内保部门联合进行安全检查时,可根据平时的警戒情况、建筑物的结构、室内外的设备及恐怖(犯罪)分子可能放置爆炸物品的部位,确定检查的重点。

(1)重要机关、科研单位建筑物的遮蔽部位、通道、地下工事、机房、配电室、通信设备、机密要害部门及重要人员出入、活动的场所等。

(2)重要会场的主席台、座位、休息室、出入口、停车场,室内外的装饰品和临时增加的物品,有破坏和修补痕迹的部位,被遗弃的可疑物品等。

(3)油库的油区、油桶区、油罐区、输油管道、机房、阀门等。

(4)电台、电视台的技术区、天线区、机械室、录(播)音室等。

(5)重要厂矿(仓库)的指挥操纵系统、重要原料、易燃易爆物资、生产车间、仓库出入口、供电(水)设备等。

(七)重要交通线路检查的重点部位

对重要交通线路的检查重点应放在沿线的桥梁、隧道、涵洞、弯道和险要地段;对地面和路基上有破坏痕迹的可疑部位,应查明其破坏的原因。必要时,应对路线两侧的复杂地形进行检查。检查的重点如下。

(1)公路、铁路的弯道、坡道、险道及铁路的道岔、辙叉等。

(2)桥梁的拱洞、拱顶、桥墩与桥面的接合部、节与节的接合部、桁梁和钣梁等部位。

(3)隧道、涵洞、出入口的两侧及顶部、中间拱顶,隧道内排水沟、避车洞等。

(4)路面、路基有被破坏痕迹的可疑部位。

(5)路面上人为布设的可疑障碍物部位。

(6)路线两侧的复杂地形。

(7)候车(机)室、通道、交通工具停靠位置的遮蔽部位及附近遗弃的可疑物品。

对交通路线的检查,主要采取人工检查法。应先检查线路上的重要目标和重要部位,后检查水面及桥墩,必要时再检查水下。检查隧道(涵洞),应先检查出入口及上部位置,后检查内部结构。必要时还可以用探测器材(探地雷达、探雷器等)检查,如对土质的路面、路基及非金属的部位检查等。

二、场所设施检查的实施

场所设施安检要以人工检查法为主,辅之以仪器检查(需要时可对空旷场地开展探测检查)。如条件允许,尽可能使用搜爆犬检查。

(一)对场所设施安全检查的原则

(1)应有顺序地且无一遗漏地检查。

(2)安检前要清理现场,清理无关人员,检查后要封闭现场直至使用。

(3)要实行责任制,必要时要制作详细的安检责任表,使每个人明确自己的检查范围,即责任到人,责任到片。

(4)检查完毕后要进行使用试验。

(二)对场所设施安全检查的实施方式

1. 顺序检查方式

根据被安检目标确定检查人数,从远至近(或从近至远)、从上至下(或从下至上)、从左至右(或从右至左)进行顺序地、无一遗漏地推进式检查。

这类检查方式比较适合于目标地域小、内部情况不复杂的场所检查。如对足球场草坪的检查,可采用探雷器从一边推进至另一边的方法。对观礼台、体育馆看台上万个座椅的检查,可采用从上至下逐个座椅翻看的检查方法等。

2. 分片包干检查方式

根据被查目标情况,确定检查人数,分组分片,责任到人,定人定区域,分头在各自的区域内检查。

这类检查方式比较适合目标地域大,情况较复杂,而安检人员相对较多的情况。如每年国庆节天安门广场摆花场所,其中既有花丛草木,又有假山溪流,还有喷泉等景观,对这种场所的检查要根据各个不同的地形地物,将检查人员分成若干个小组,使用不同的安检专用器材,在各自的责任区内检查。

3. 重点检查方式

对规模较大的大型活动场所,可在对活动场所内地形地物全面了解、对袭击者可能施放炸弹的部位深入分析的基础上,根据安检力量的多少和安检时间的限制选择几个重点部位组织检查。

这类检查方式比较适合受检目标区域大,而重点目标比较集中,且检查人员较少,要求时间较紧迫的情况。

第 2 节　交通工具的检查

一、交通工具检查的重点

交通工具的结构复杂、技术性强,易被袭击者利用,是检查的重点。对交通工具检查重点如下。

(一)船舶

座舱的遮蔽部位、通信导航设备、机械动力部分、各类舱室、油柜、工具房、各种管道、船围、卫生间、公共场所等。

(二)飞机

对于飞机的检查一般要重点检查机内、机外和货物。

(三)火车

机车驾驶室、发动机、走行部、油箱、通道等,客车、行李车的通风检修孔、座(铺)位底、行李架、行李间、卫生间、锅炉房、车厢接合部、电瓶箱等。

(四)汽车

汽车的检查重点是车外、车下、车内、发动机、行李箱等部位。

(五)行李物品

行李物品是指对乘坐车、船、飞机或进入重要公共场所的人员所托运、携带的行李、包裹等物品及邮递给保卫目标的礼品、邮件的安全检查。袭击者进行爆炸破坏时,往往将爆炸物伪装成各种日用品藏匿在行李、邮件等物品中。因此,应对以下重点的物品进行检查。

(1)上级通报应注意检查的物品。

(2)重要目标附近无人认领或来历不明的物品。

(3)经过伪装的物品。

(4)可疑人员携带的与其职业、季节不相适应或实际用途与携带目的不相符的物品。

(5)易藏匿爆炸物的物品,如罐状物品、玩具、电器、手提包、食品用具的空隙、服装夹层等。

二、交通工具检查的实施

对交通工具的检查,主要采用警犬搜索、仪器探测和人工检查相结合的方法进行。

（一）船舶

以警犬搜索为主，并对其重要部位采用人工检查。

（二）飞机

1. 机内的检查

以警犬搜索为主，对客舱、货舱、驾驶舱，以及各种辅助设备，如卫生间、服务间、座位等要逐一检查，对于不是飞机上的物品，一定要清除掉。

2. 机外检查

以人工检查为主，重点检查飞机外表可设置、能塞入、吸贴异物的要害部分，如飞机的飞行起落架（仓）、油箱口、通风口、排气口、发动机、方向盘、减速板等，以及其他可能放置爆炸物的孔、洞、仓等地方。

3. 机内货物检查

以仪器检查为主，辅以警犬搜索，对货舱内所有行李、物品逐件检查。对于判断不明的可疑物，不能装入飞机舱内。

（三）火车

以警犬搜索为主，并对其重要部位采用人工检查。

（四）汽车

1. 车外的检查

以人工检查和警犬搜查为主，仪器检查为辅。首先要对车的外观及附近环境进行检查，如无异常，则按顺序继续检查，直至检查完毕，才可发动车辆。重点检查汽车附近及车下有无异物及包裹等；检查路面上有无零碎的胶布、铁丝、绳子、保险丝等；检查车门、车窗、行李箱有无被撬的痕迹；同时还要从车窗向内看，检查车内座上、地板上有无不属于车内的物品，如发现可疑物品应彻底调查来源，妥善处理。

2. 车下的检查

以车底检查镜检查和人工检查为主。车下具有隐蔽、不易被发现等特点，是检查的重点，也是袭击者易设置爆炸物的地方。首先，进行表面检查，检查车下的无土地面有无可疑痕迹，车底盘有无吸附异物，加油口有无被撬动的迹象，车顶前、行李箱及车轮上有无手印，车底有无松动螺丝或电线，用车底检查镜及手电检查保险杠下面、油箱、马达等处有无异物。其次，进行内部检查，检查油箱、管道和排气管内有无被人动过的迹象，有无异物。

3. 发动机部位的检查

以人工检查为主。首先打开发动机盖，检查水箱罩的空隙间和发动机左右侧遮蔽空间部位，有无吸附的异物；其次，检查离合器、加速器、方向盘、雨刮器、蓄电池上有无连接可疑线头、电线夹子和异物;再次,检查空气过滤器和电动装置,如空调机有无异物。

4. 行李箱的检查

不同的车型,其行李箱的位置不同,检查时可根据实际情况灵活处置。行李箱应重点检查地毯、后座下面和工具箱、备用轮胎内有无异物。

5. 车内的检查

以人工检查为主。车内要自上而下仔细检查,注意检查地毯、座位、枕头、仪表盘(特别是里程表和转速表)等部位下面(内部)和烟灰缸、点烟器、收音机或 VCD 喇叭、车内灯具、手套盒及遮阳板有无异物。如果在检查中发现可疑物品,不要轻易触摸和移动,应查清可疑物品的来源及类型,对于查不清来源的可疑物品,要请专业人员进行处理。经过各部位检查,未发现异常现象,可将所有电动装置打开将车发动 5 min,然后使用。

总之,对交通工具的反爆炸检查,主要采用人工直观检查法和警犬搜索为主,也可以结合其他检查方法。检查时,应先内部后外部;先电路部位,后机械部位;先重点后一般的顺序进行。

(五)行李物品的检查

对物品的安全检查一般以仪器检查法为主,辅之以常规检查法进行。物品安全检查的实施步骤如下。

1. X 射线检查系统初检

在检查站设置一个或若干个 X 射线检查系统(根据受检物品流量选择通道式或便携式),如果要检查受检人随身携带的物品,可将检查系统设立在金属安全门旁,由引导员告知受检人将行李包裹放在 X 射线检查系统上检查。X 射线检查系统的监视器旁配置 1～2 名执机员负责观察分析每个物品的 X 射线透视图像,特别要注意分辨电池、线路、匕首、枪支、炸药等可疑危险物品。在确定有无爆炸装置时,应重点分辨以下物品。

(1)雷管。

雷管比较容易识别,如铜、铁壳雷管,由于金属密度大,在屏幕上外形十分清晰,纸壳雷管也有较浅的外形轮廓,在轮廓内还可以看到金属加强帽,特别是电雷管,都带有 2 根金属脚线,在纸壳雷管内还可见到电桥丝。

(2)电池。

电池虽然有多种规格、形状,但爆炸装置上电池的 2 极都与电路连接。

(3)电源线路。

电力起爆的爆炸装置必须有电源、电雷管,而且用各种形式组成能闭合的线路,如果只有电池,没有电雷管及其构成的电路,则不是电力起爆的爆炸装置。如果有电池、有电路,但无雷管,在一般情况下,也不可能是爆炸装置,如半导体收音机、剃须刀等。除非是直接用电热引燃火药的爆炸装置才无雷管,但是在电路的末端也必须有电源点火装置。

经过 X 射线透视检查后，仍认为可疑的物品，要实施手工检查或转移到安全地点，做进一步检查。

2. 开包开箱复检

经 X 射线系统初检的物品，如没有发现异常现象，可以认为是安全物品并给予放行。如在 X 射线透视图像上发现违禁品或出现可疑情况，执机员要提示开包检查员对这些可疑物品进一步开包或开箱检查。一般根据被检物品流量，开包检查员可设置 1 ~ 2 名，被检物品流量少，也可由执机员自己担任。开包或开箱检查时一定要文明礼貌，既不能重手重脚，损坏或箱内物品，也不能粗心大意，放过可疑物品。人工直接开包、开箱检查时如果物主在场，应由物主开包；物主不在场，或属于捡拾的物品，认为可疑需开包或开箱检查时，除选择比较安全的地点外，还需注意个人防护。具体操作方法如下。

（1）带拉链的提箱、提包开启时，需查清拉链接头有无连接的线绳。如有线绳连接并通向包内，当线绳是松弛的状态时，则可剪断，但切勿拉动绳线，以严防拉发爆炸装置引发爆炸；当绳线是拉紧的状态时，切勿剪断，以防松发爆炸装置引发爆炸。确认拉链可拉开时，也应该从拉链的末端将拉链打开，边拉开边观察内装物。将内装物分层取出，注意取上层物品时，要压着下层，并注意上、下层之间有无连接物，以防松发或拉发爆炸装置引发爆炸。

（2）手提箱开启时遵照下面的程序和方法：用绳、带把箱子捆紧后，打开锁，选择安全地点，把手提箱平放地上固定，使箱子盖向上，在箱盖上压适当质量的物体，用一根长绳的一端拴在箱盖前表面上，另一端沿箱盖上表面，从箱背后引出，距箱体不少于50 m解开原捆箱子的绳带，在50 m安全地点，用力牵拉绳子，把箱盖打开。隔5 min如无异常现象（如冒烟、燃烧等），再上前检查内装物品，并要注意检查箱子有无夹层。

（3）多块板拼的木箱可以把侧边的一块板拆下，边拆边查看内装物品，确认内装物品与箱盖无连接时，可打开箱盖，分层检查内装物。

3. 小件物品的检查

小件物品是指照相机、收录机、衣服、化妆品、食品等。对这些物品检查时，可以使用以下方法检查。

（1）外观整体检查。

外观整体检查是指在对物品不开启和没破损的情况下，靠检查人员的感官系统，采用看、摸、闻、听，以及借助简单工具，或通过对物品的形状、装潢、商标、色彩、图案、文字、质量等对比和对气味、声响、手感等进行识别和判断。如机械定时爆炸装置可以听到机械走动声；有的炸药会挥发气味；化学腐蚀发火的爆炸装置有时散发出强烈的酸味或其他气味；软包装物可用手摸出大小、形状、物理状态等；用秤称重后与外包装上标明质量相比过重或过轻等。

（2）个别手工检查。

各种不同的物品采用具体的方法检查。如照相机可采用按快门空掐或开盖检查；闪光灯可充电闪光检查或开盖检查电池；乐器注意检查音箱、音管是否藏有爆炸物品或其他危险品，可以看其内部有无填充，乐器盒有无夹层，掂一掂质量，摇一摇是否有异物，利用弹、拨、敲辨别声音是否正常；工艺品、玩具要检查内部及夹层是否藏有异物。

第3节　可疑人员的检查

一、可疑人员检查重点

可疑人员是各类爆炸破坏案件的主要因素。如在检查中遇有下列之一者，应特别引起注意，并应作为重点对象从严从细进行检查：

（一）精神恐慌、言行可疑、伪装镇静者；

（二）冒称熟人、假献殷勤、主动接受检查者；

（三）表现异常、催促检查或态度蛮横、不愿接受检查者；

（四）频繁进出隔离区、厕所、公用电话亭，窥视检查现场、客机坪者；

（五）着装与其身份明显不相符或与季节不合时宜者；

（六）规定的安全检查时间已过，匆忙赶到检查现场者；

（七）公安部门、安全检查站掌握的嫌疑分子和群众检举的嫌疑分子；

（八）上级通报的来自恐怖活动频繁的国家和地区的人员；

（九）与公安机关通缉的人犯外貌特征相似的人员；

（十）与恐怖（犯罪）分子有联系的人员；

（十一）职业、身份不明，所带证件、物品与其身份不相符的人员；

（十二）神态慌张、言行鬼祟、到处流窜、窥探我重要执勤目标、军事机关、行动可疑者。

二、可疑人员检查的实施

人身安全检查（又称定位检查），是公安人员按照国家的法律、法规和有关部门的指令，依照法律程序，采用防爆安全检查仪器和方法对乘坐飞机、轮船、火车等交通工具的旅客和进入重要公共场所的人员进行的检查。人身检查一般以仪器检查为主，辅之以常规检查法进行。人身安全检查的实施步骤如下。

（一）金属安全门实施初检

在定位检查外设置一个或若干个金属安全门，在门前设置1名引导员，负责引导人流通过安全门；门旁设置1名检查员，负责监督受检人在通过安全门时，安全门是否报警及其报警位置；初检时，引导员要告知受检人先将随身携带的金属物品（如钥匙、小刀、香烟盒、硬币等）放在事先准备好的托盘内，使受检人在身上没有任何金属物品的情况下（至少主观认为是这样）通过安全门；受检人流之间至少间隔半米通过安全门。

（二）袖珍金属探测器复检

经初检，金属安全门没有报警的受检人，应该认为是安全的，不用再接受复检。如果金属安全门报警,由复检人员用袖珍金属探测器复检。复检人员可以另外设置(依受检人流量,可以设置1~5名),也可以直接由初检时金属安全门旁的检查员担任复检员。检查时,要以同性别检查为原则,绝对禁止男查女;特殊情况下,在受检人员无异议时,可以女查男;检查时要态度友善,动作规范,文明用语。

(三)搜身检查

经初检、复检仍然不能确认安全的受检人,可以进行搜身检查。搜身检查要在事先准备好的检查室里进行,同样要坚持同性别检查的原则,而且最好两名检查员同时在场。搜身检查时,要重点检查被检人的腰部、腋下,如果被检人是女人还要特别检查胸部,如果被检人是残疾人,还要特别注意检查残疾处等。检查时既要文明礼貌也要有防范意识,防止受检人逃跑、行凶及耍无赖等行为出现。

第4节　大型活动检查经验

大型活动时的反爆炸检查工作,外观整体检查是指为保障党和国家有重大影响或具有重要意义的各类活动的顺利进行,为确保参加活动的对象安全而开展的安全检查工作。主要包括大型政治、经济、群众、体育等活动,具有政治性强,影响面广;规格高,规模大,时间长;时间、地点公开,位置固定,目标明显,情况复杂;人员多,工作开展难度大,安检任务繁重等特点。本着从实战角度出发的原则,我们借鉴以下大型活动时的反爆炸工作经验,以供参考。

一、亚太经济合作组织(APEC)会议

我国先后于2001年和2014年两次成功举办亚太经济合作组织(APEC)会议。作为亚太地区最高级别的政府间经济合作机制,来自21个APEC成员国和3个观察员国的领导人参加了会议。安保工作均采取了全面、周密且高效的措施,确保了会议的安全顺利进行。

(一)突出对重要会址、机场、休息场所的安检。

对要害部位和标志性建筑、APEC峰会核心部位进行重点保卫,形成了日常查控与快速反应相结合的应变能力。对国际会议中心、国际新闻中心、专机现场、贵宾下榻的酒店等,公安部门采取了对重点场所的重点防护。为确保安全,安保人员对有免检资格以外的所有人都进行了严格的拍打式"搜身"。

在飞机场设置有4道防线,将警卫区域划分为11个责任区,成立了数支反恐怖小分队。为了有效控制这次APEC会议专机现场人员和车辆,专机现场被划分为中心现场、D贵宾室、专机停放区3个区域,分别设置了A、B、C 3个等级的通行证,A级全部通行,B级可以在D贵宾室和专机坪通行,C级在专机坪通行。浦东、虹桥机场共设置了11处APEC会议专用检查点。

贵宾下榻的酒店、国际会议中心的安检,每个入口都设有安检门,口红、香烟、饮料要经过仔细查验,照相机、手机要启动一下功能,

正常显示后才能带入安保区域。安检人员认证不认人,安检方式采取的是拍打和触摸式。面对如此缜密细致的安检措施,一位记者在采访后戏称:“就算是苍蝇,没有经过安检也休想进入。”

(二)先进安检、排爆器材的大量使用

在 APEC 会议的有关场所,每一个角落都能感受到高科技的触角。X 光物品检查仪、安全门、手持式金属探测仪等随处可见;APEC 会议核心部位、驻地要害部位、标志性建筑,装备了先进的监控报警装置,配备了先进的查爆、排爆器材。

二、2024 年巴黎奥运会

2024 年巴黎奥运会在反爆炸安全保卫方面采取了一系列全方位、多层次的措施,确保了赛事的安全顺利进行。

(一)安全力量部署

法国军方部署约 1.5 万名士兵参与了奥运会的安保工作,其中包括精英反恐单位 BRI(研究与干预旅)。另外,在巴黎东南部地区设立了一个可容纳 4500 名士兵的临时营地,以便在发生紧急情况时,有足够的军事力量可以立即投入使用并迅速进行干预。

为了加强安保力量,法国向超过 46 个盟友和友好国家发出了求助,得到了 1800 名外国警察的增援,极大的充实了本地技术警力。这些增援力量负责提供专业的搜爆犬队、反无人机团队、边防警卫、暴力支持者监测员、拆弹专家、骑警和摩托警察等服务。

此外，为防范可能遭受的恐怖爆炸袭击，法国情报和安全机构早在数年前就已做好准备，追踪那些潜在的极端分子，以及虚假信息制造者，通过对此类人群账号的持续跟踪监控，找出其内在联系并加以控制，以预防可能的爆炸袭击。

（二）综合安检与智能分析

奥运会所有入场人员和物品都需经过严格检查，包括使用金属探测器和行李 X 光机，以确保携带物品中没有爆炸物。专业潜水员持续进行水下扫描，寻找爆炸物或入侵迹象，确保塞纳河及其周边水域的安全。停泊在塞纳河的 85 艘船只都经过了搜救犬和拆弹专家的检查，以排除爆炸物隐患。警方还搜查了巴黎的地下墓穴网络等地下空间，封住了成千上万个井盖，以排除地下爆炸物的隐患。在开幕式等关键时段，还对巴黎周边一定范围内的空域实施了禁飞令，以防止无人机携带爆炸物进行攻击。

此外，还大量部署了高分辨率摄像头和面部识别技术，监控场馆和周边区域的活动，以识别潜在威胁，包括任何可能的爆炸迹象。利用数据分析技术实时监控和分析可疑行为，对风险威胁做到了快速响应。

（三）空地一体防范

法国空天军派出了由“E－3F”空中预警/指挥机、“阵风”战斗机、PC－21 教练机、AS555“欧洲小狐”轻型直升机以及 MQ－9A“死神”无人机组成的空中力量，以构建严密的防空网。这些飞机不仅负责巡逻和监视，还能执行近距离拦截和识别任务，确保任何可疑目标都无法接近奥运场馆。

除了空中力量外,法国军方还在地面上部署了多种防空系统。例如,西班牙军队支援了一套 NASAMS 地空导弹系统,而法国军队则刚刚接收了 2 套最新型“米卡”VL 地空导弹系统,并部署到马赛地区。这些导弹系统可以拦截不同距离和高度的目标,为地面提供了强有力的防御。

三、2022 年卡塔尔世界杯足球赛

2022 年卡塔尔世界杯足球赛作为全球最受瞩目的体育盛事之一,其安全保卫工作受到了各国的高度关注。特别是在反爆炸袭击方面,卡塔尔政府和赛事组织部门采取了多项严格的安全措施以确保赛事的安全顺利进行。

(一)高科技装备部署

卡塔尔从美国引入了“穹顶”反无人机系统,该系统能在发现不明无人机入侵空域时,根据指令对小型无人机执行警告、驱离或发射捕捉网等任务,有效防范了来自空中的爆炸威胁。

在所有 8 个体育场内部署了人工智能面部识别系统和 2.2 万个摄像头,这些设备能够实时监控场馆内外的情况,并通过分析面部表情等特征,及时发现并处理潜在的安全威胁。此外,卡塔尔还开发了一个集中式系统,可远程控制所有 8 个体育场,精确判断体育场内人数,并调节体育场馆温度和控制门,检查人员流量,以维护秩序并预防爆炸等突发事件。

（二）专业力量及培训

卡塔尔与多个国家签署了安保合作协议，包括土耳其、巴基斯坦、美国、英国、法国、意大利等，这些国家派遣了数千名防暴警察、特种部队、炸弹专家和嗅探犬等专业安保人员，协助卡塔尔应对可能的爆炸威胁。

卡塔尔安全部队亦与来自多个国家的合作伙伴进行了为期数天的安全演习，测试应急服务的准备情况与响应能力。此外，卡塔尔还接受了北约和斯洛伐克提供的化学、生物、放射性和核（CBRN）威胁应对培训，以及罗马尼亚提供的 VIP 要员保护和反简易爆炸装置的能力培训。

（三）情报和风险管理

卡塔尔与多个国家在情报交流方面加强合作，分享涉恐、毒品、武器贩运等重点人员名单，对入境人员开展重点监测工作。美国运输和安全管理局为卡塔尔提供安检、行李检查、内部风险管理等安全支持，分享机场安保方面的成熟经验做法，帮助卡塔尔加强赛事安全、机场港口安全、筛查、违禁品拦截和风险管理能力。

由于卡塔尔世界杯足球赛在反爆炸方面采取了严密的安保措施，整个赛事期间未发生重大爆炸事件，确保了赛事的顺利进行和所有参与者的安全。这些措施有效降低了潜在的安全风险，减少了事故的发生数量，并避免了可能的重大损失。

参 考 文 献

[1]吴腾芳，丁文，李裕春,等. 爆破材料与起爆技术[M]. 北京：国防工业出版社，2008.

[2]吴腾芳，乌国庆，陈叶青,等. 爆炸物识别图册[M]. 北京：国防工业出版社，2017.

[3]李向东，钱建平，曹兵,等. 弹药概论[M]. 北京：国防工业出版社，2004.

[4]谢兴博，周向阳，李裕春,等. 未爆弹药处置技术[M]. 北京：国防工业出版社，2019.

[5]李永刚. 常见过氧化丙酮类爆炸物的现场快速检测技术研究[D]. 北京:中国人民公安大学,2023.

[6]陈争. 基于红外-拉曼光谱的常见爆炸物快速识别分类研究[D]. 北京:中国人民公安大学，2023.

[7]张霖，李宏达. 碳量子点的合成及在爆炸物检测中的应用[J]. 化学试剂，2023，45(8)：94-103.

[8] DE IACOVO A，MITRI F，DE SANTIS S，et al. Colloidal quantum dots for explosive detection：Trends and perspectives [J]. ACS sensors，2024，9(2)：555-576.

[9] LI G H, JIA S L, LU Z H, et al. Support vector machine-based tagged neutron method for explosives detection[J]. Arabian journal for Science and Engineering, 2024, 49(7): 9895-9908.

[10]李文静. 爆炸物常用传感检测技术及其在安检领域的应用[J]. 中国安防, 2023(5): 84-88.

[11]李习平. 浅谈通过变换爆炸物放置位置培养搜爆犬良好的搜索形式[J]. 中国工作犬业, 2022(3): 35-36.

[12]李金明, 雷彬, 丁玉奎. 通用弹药销毁处理技术[M]. 北京: 国防工业出版社, 2012.

[13]SAWANT R, CHAKRABORTY S, PAPALKAR A, et al. Low-dimensional fluorescent sensors for nitro explosive detection: A review[J]. Materials Today Chemistry, 2024,37:2-24.

[14]赵步发. 爆炸物处置实用技术[M]. 北京: 中国人民公安大学出版社, 2001.

[15]钱七虎, 徐更光, 周丰峻. 反爆炸恐怖安全对策[M]. 北京: 科学出版社, 2005.

[16] ALBRIGHT R D. 化学武器和爆炸物的清理[M]. 北京: 化学工业出版社,2015.

[17]娄建武. 废弃火炸药和常规弹药的处置与销毁技术[M]. 北京: 国防工业出版社,2007.

[18]公安部教材编审委员会. 安全技术防范[M]. 北京:中国人民公安大学出版社, 2001.